智听版

U0607597

羊皮卷

成 功 启 示 录

董佩华 编著

THE

SCROLL

MARKED

中国出版集团 | 全国百佳图书
中国民主法制出版社 | 出版单位

图书在版编目 (CIP) 数据

羊皮卷：成功启示录：智听版 / 董佩华编著 . —— 北京：中国民主法制出版社 , 2019.11

ISBN 978-7-5162-2103-7

Ⅰ . ①羊… Ⅱ . ①董… Ⅲ . ①成功心理 – 通俗读物 Ⅳ . ① B848.4-49

中国版本图书馆 CIP 数据核字 (2019) 第 229292 号

图书出品人 / 刘海涛
出 版 统 筹 / 周锡培
责 任 编 辑 / 程王刚

书名 / 羊皮卷·成功启示录（智听版）
作者 / 董佩华　编著

出版·发行 / 中国民主法制出版社
地址 / 北京市丰台区右安门外玉林里 7 号（100069）
电话 / 010-63292534　63057714（发行部）　63055259（总编室）
传真 / 010-63292534
Http: // www.npcpub.com
E-mail: mzfz@263.net
经销 / 新华书店
开本 / 32 开　880 毫米 × 1230 毫米
印张 / 6
字数 / 154 千字
版本 / 2019 年 11 月第 1 版　2020年 5月第 2 次印刷
印刷 / 山东汇文印务有限公司

书号 / ISBN 978-7-5162-2103-7
定价 / 32.00 元
出版声明 / 版权所有，侵权必究。

序　言

在我们的面前，就矗立着成功的大门，这扇门的旁边有着一堆又一堆的钥匙，大多是名为失败的钥匙，其中也隐藏着可以开启大门的正确的钥匙。成功的大门只有一扇，而失败的钥匙却有很多，当然正确的钥匙也有很多，只有我们能从那堆失败中找出正确的，才能自如地走进成功的大门。我们是在钥匙堆中寻找正确钥匙的人。没有别的办法，只能一一去试验，也许有的人运气好一些，较早地找到了正确的钥匙；也许有的人运气差一些，暂时还没有找到。只要坚持去找，最终还是能够找到的。可是看到这么多没用的钥匙，有的人退缩了，他说："这么多的钥匙，我怎么可能找得到呢？"于是他真的找不到了，由于他不去找了，就放弃了得到那把能开启成功大门的金钥匙的机会。有的人虽然也觉得这么多的钥匙不好找，但是他对自己说："没关系，我只要试验过就知道是不是正确的，然后逐渐缩小范围就可以了。"于是他坚持下去，最后他找到了钥匙，进入了成功的大门。

我们的失败就像那钥匙一样，也有两种：

一种是一时的失败，只要你正视它，把它当作生命中的一个过客，那么你还没有真正失败。爱迪生试制白炽灯泡，失败了1200次。一个商人讽刺他是个毫无成就的人。爱迪生哈哈大笑："我已经有了很大的成就，证明了1200种材料不适合做灯丝。"每次失败之后他都能去寻找更多的东西，直到他找到了他要的东西，如果他在做这些试验的过程中认为自己失败了，不再试验了，那人类用上灯泡的时间起码要推后五十年。

另一种失败是你把自己打败，如果连你都认为自己失败了，那你就真的完了。

命运一直藏匿在我们的思想里。许多人走不出人生各个不同阶段或大或小的阴影，并非因为他们的个人条件就天生比别人差多远，而是因为他们没有勇气将阴影的纸笼咬破，也没有耐心慢慢地找准一个方向，一步步地向前，直到眼前出现新的洞天。

没有一个人是命中注定失败的。凡是他全身的一切原质、一切组织，无不有着成功的能力，只要他自己善加利用，就可以征服一切。

也没有一个人是命中注定穷苦的。我们可以举出无数例子来证明。无论从一个人的生理结构还是心理、环境来看，任何人都是可以快乐生存的，任何人都有权享受幸福。睁开眼来仔细看看，世上不知有多少机会正从你眼前溜过。

当然，《羊皮卷》中所包含的智慧远远不止励志这么简单，对于读者来说，它是助你成就辉煌事业的秘笈。而本书将引导你走向更大的幸福与成功：它改变你的人生观，让你很轻松地找到事业的方向，并且在前进的过程中，纠正随时可能出现的偏差；它改变你的思维方式，使你更加积极地面对人生的每一次挑战；它重塑你的性格，使你的形象更具人格魅力；它指导你的行为方式，促进你的事业更好地发展……

它的独特之处在于以人们的真实体验，去克服生活和命运的嘲弄，把苦难和失败的创伤变为平静与深厚的精神动力，撕开惨烈的人生悲剧而走向意志坚定、充满爱心和智慧的成功人生。相信读者在与作品的同悲共喜中，自能积蓄底蕴，并且找到前进的方向，走向成功之路！

目 录

保持良好心态

在生活中，人的心态会因各种各样的情况而发生变化，所以，自我调整心态就成为人生磨炼挑战的重要课目。心态调整好了，人处在逆境中也会笑脸应对一切。

境由心生

戴维斯是单身汉的时候，和几个朋友住在一间只有七八平方米的小屋里。尽管生活非常不便，但是，他一天到晚总是乐呵呵的。

有人问他："那么多人挤在一起，连转个身都困难，有什么可乐的？"

戴维斯说："朋友们在一块儿，随时都可以交换思想，交流感情，这难道不是很值得高兴的事儿吗？"

过了一段时间，朋友们一个个相继成家了，先后搬了出去。屋子里只剩下了戴维斯一个人，但是每天他仍然很快活。

那人又问："你一个人孤孤单单的，有什么好高兴的？"

"我有很多书啊！一本书就是一个老师！这么多老师在一起，时时刻刻都可以向它们请教，这怎能不令人高兴呢？"

几年后，戴维斯也成了家，搬进了一座大楼里。这座大楼有七层，他的家在最底层。底层在这座楼里环境是最差的，上面老是往下面泼污水，丢死老鼠、破鞋子、臭袜子和杂七杂八的脏东西，那人见他还是一副自得其乐的样子，好奇地问："你住这样的房间，也感到高兴吗？"

"是呀！你不知道住楼下有多少妙处啊！比如，进门就是家，不用爬很高的楼梯；搬东西方便，不必花很大的劲儿；朋友来访容易，用不着一层楼一层楼地去叩门询问……特别让我满意的是，可以在空地上养一丛一丛的花，种一畦一畦的菜。这些乐趣呀，数之不尽啊！"戴维斯情不自禁地说。

过了一年，戴维斯把一层的房间让给了一位朋友，这位朋友家有一个偏瘫的老人，上下楼很不方便。他搬到了楼房的最高层——第七层，可是每天他仍是快快乐乐的。

那人揶揄地问："先生，住七层楼是不是也有许多好处呀！"

戴维斯说："是啊，好处可真不少呢！仅举几例吧：每天上下几次，这是很好的锻炼机会，有利于身体健康；光线好，看书写文章不伤眼睛；没有人在头顶干扰，白天黑夜都非常安静。"

后来，那人遇到戴维斯的学生比尔，问道："你的老师总是那么快快乐乐，可我却感到，他每次所处的环境并不那么好呀！"

比尔说："决定一个人心情的，不是在于环境，而在于心境。"

【感悟箴言】

一个人如果心态积极，乐观地面对人生，乐观地接受挑战和应付麻烦事，那他就成功了一半。在困境中，如果你能够不像一般人一样怨天尤人，抱怨不止，而是本着一颗乐观平和的心去对待生活，那么，还有什么能够难倒你呢？

挫折、压力是难免的，向前看才有出路。做完一天的事，就让它过去。你已尽了你的力，虽然会有一些错误和荒诞的事，但是要尽快地把这些忘掉。明天又是新的一天，好好地、安详地开始这一天。

锤炼自信心

几年前，约翰逊经营的是小本日杂百货买卖。他过着平凡而又体面的生活，但并不理想。他家的房子既窄小又陈旧，也没有钱买他们想要的东西。约翰逊的妻子并没有抱怨，很显然，她只是安天命，实际上生活得并不幸福。但约翰逊的内心深处变得越来越不满。当他意识到爱妻和他的两个孩子并没有过上好日子的时候，心里就感到深深的刺痛和内疚。

后来，约翰逊有了一个占地两英亩的漂亮新家，对他们来说空间已经够大，而且家里的设计让人感觉很舒适。他和妻子再也不用担心能否送他们的孩子上一所好的大学了，他的妻子在花钱买衣服的时候也不再有种犯罪的感觉了。有一年，他们全家都去欧洲度假，并在欧洲度过了一个难忘的圣诞。约翰逊过上了真正舒适的生活。

约翰逊说："这一切的发生并不是偶然的，是因为我利用了信念的力量。几年以前，我听说休斯顿有一个经营日杂百货的工作。那时，我们还住在亚特兰大，我决定试试，希望能多挣一点钱。我到达休斯顿的时间是星期天的早晨，但公司与我面谈还得等到星期一。"

晚饭后，他坐在旅馆里静思默想，突然觉得自己是多么可憎。"这到底是为什么？上帝怎么这样对我！"他问自己，"为什么我总是逃脱不了失败的命运呢？"

约翰逊不知道那天是什么力量促使他做了这样一件事：他取了一张旅馆的信笺，写下几个他非常熟悉的、在近几年内远远超过他的人的名字。他们取得了更多的权力和工作职责。其中一个原是邻近的农场主，现已搬到更好的地区去了；另一位约翰逊曾经为他工作过的人；最后一位则是他的妹夫。约翰逊问自己：什么是这三位朋友拥有的优势呢？他把自己的智力与他们做了一个比较，约翰逊觉得他们并不比自己更聪明；而他们所受的教育，他们的正直、个人习性等，也并不拥有任何优势。终于，约翰逊想到了另一个成功的因素，即主动性。约翰逊不得不承认，他的朋友们在这点胜他一筹，而他总是被逼无奈时才采取某些行动。

当时已快深夜两点钟了，但约翰逊的脑子却还十分清醒。他第一次发现了自己的弱点。他深深地挖掘自己，发现缺少主动性是因为在内心深处，他并不看重自己，对自己没有信心，更别谈什么远大的抱负。

约翰逊回忆着过去的一切，就这样坐着度过了一夜。从他记事起，约翰逊便缺乏自信心，他发现过去的自己总是在自寻烦恼，自己总对自己说不行、不行、不行！他总在表现自己的短处。几乎他所做的一切都表现出了这种自我贬值。

终于，约翰逊明白了：如果自己都不信任自己的话，那么将没有人信任你！

于是，约翰逊做出了决定："我一直都是把自己当成一个二等公民，从今往后，我再也不这样想了，我要成为一个优秀的公民、一个优秀的丈夫、一个优秀的父亲。"

第二天上午，约翰逊仍保持着那种十足的自信心。他暗暗想把这次与公司的面谈作为对自己自信心的第一次考验。在这次面谈以前，约翰逊希望自己有勇气提出比原来工资高一到两倍的要求。但是，经过这次自我反省后，约翰逊认识到了他的自我价值，因而把这个目标提到了三倍。结果，约翰逊达到了目的，他获得了成功。

【感悟箴言】

约翰逊凭借强烈的自信心获得了成功。其实，自信心恰恰是人人都有但少有人能"从一而终"的。自信是事业成功的有利心理条件，它可以使一个人认为自己有能力冒险，接受各种挑战和工作任务，提出要求并尊重承诺。自信是一个人最大的资本，是潜能发挥的催化剂。

靠窗的卧床

在医院的一间小病房里，躺着两个重病卧床的人。希蒙的床靠着窗。卡德恩的床靠着墙。每天下午，医生会帮助靠窗的希蒙坐起来一个小时，以帮助引流他胸腔的积液。卡德恩则整天都要躺着。

在一个个漫长的日子里，这两个举目无亲的人只能靠彼此聊天打发时间。而每天下午，靠窗的希蒙还会把窗外的一切详详细细地描述给靠墙的卡德恩听。

窗边的希蒙说，在窗外有一个美丽的湖，湖边栖息着天鹅和野鸭，孩子们在湖畔的公园里开心地玩耍，有时还有一对动人的情侣手挽着手在草地上散步。开始的时候，靠墙的卡德恩整天都在盼望下午那一个小时，在单调的白色世界中，他一边听，一边幻想着那青翠的绿色，天边的彩虹，还有相爱的人泛舟在湖面上。

在一个温暖的下午，靠窗的希蒙告诉靠墙的卡德恩，窗外正有一群盛装的游行队伍经过。靠墙的卡德恩闭着眼睛，听着病友那吃力却无比生动的描述，脑海里想象着那热闹的场面。"我也想看看。"这个念头越来越清晰，"为什么我不能到窗边看看外面的景色？"莫名地，这个突如其来的想法逐渐变成了渴望，日益强烈，卡德恩开始嫉妒窗边的希蒙。"这不公平。"卡德恩不停地想，忿忿不平交织着欲望，折磨得他彻夜难眠。

一天夜里，靠窗的病人希蒙突然咳嗽起来，他胸腔里的积液压迫他的肺叶，令他窒息，他挣扎着摸索床头的呼叫按钮，却没有成功。卡德恩在昏暗中默默地看着他，然后索性闭上眼睛，一动也没动，没有叫护士，也没有按他自己床头的呼叫按钮，他只是默默地听着旁边床上挣扎的声音，没有几分钟，咳嗽和窒息的声音停了，呼吸声也停了。第二天一早，护士发现了靠窗的病人的尸体。不久，那张床就空了，换上了干净的床单。

应卡德恩的要求，护士把他换到了靠窗的那张床上。忍着脊背上的剧痛，卡德恩吃力地慢慢坐起来一点。终于，他可以看到窗外的景色了，然而，那里只有一面灰色的墙……

【感悟箴言】

快乐的心态比快乐的事更令人快乐。俗话说：人生不如意事常有八九。那么，常怀着一颗快乐的心，即使是一片灰暗，在你眼里，也是五彩斑斓。相反，即使在五光十色的生活里，心中的黯淡，也会使一切蒙上一层灰。

铃儿响叮当

19 世纪，当美国人约翰·皮尔彭特从著名学府耶鲁大学毕业时，遵照祖父的愿望，选择教师作为自己的职业。他的生活看上去充满希望。

然而，命运似乎有意捉弄他。皮尔彭特对学生总是爱心有余而严厉不足，很为当时保守的教育界所不容，结果很快就结束了教师生涯。

但他并不在意，依然信心十足。不久他当上了律师，准备为维护法律的公正而努力。但他没想到，正是他的这一美好愿望，最终毁掉了他的律师事业。作为一个律师，他似乎一点也不理解当时流行美国的"谁有钱就为谁服务"的原则，他会因为当事人是坏人而推掉找上门来的生意，结果把优厚的酬金让给了别人。相反，如果是好人受到不公正的待遇，他又不计报酬地为之奔忙。

这样一个人，律师界感到难以容忍，皮尔彭特先生只好又离去，成为一名纺织品推销商。然而，他好像没有从过去的挫折中吸取教训，看不到竞争的残酷，在谈判中总让对手大获其利，而自己只落得个吃亏的份儿。他于是只好再改行，最终当了牧师，试图为人们的灵魂向善而努力。然而，他又因为支持禁酒和反对奴隶制而得罪了教区信徒，被迫辞职。

1886年，皮尔彭特先生去世了。第二年流行起一首歌："冲破大风雪，我们坐在雪橇上，快乐奔驰过田野，我们欢笑又歌唱，马儿铃声响叮当，令人心情多欢畅……"

这首《铃儿响叮当》歌曲的作者，就是皮尔彭特先生。在一个圣诞节的前夜，作为礼物，他为邻居的孩子们写了这首歌。歌中没有耶稣，没有圣诞老人，有的只是风雪弥漫的冬夜，穿越寒风的雪橇上清脆的铃铛声，还有一路欢笑歌唱、不畏风雪的年轻朋友们的美好的心灵。

皮尔彭特先生或许没有想到，他一生中偶一为之的作品，竟产生了如此巨大的影响，竟那么撼动人心，被越来越多的人传唱。在今天，它已成为西方圣诞节里不可缺少的一部分。

【感悟箴言】

生活在某一时刻里，出于种种因素，人们固然可能抛弃怀抱美好思想的人，但生活本身不会抛弃美好的思想。世上没有什么事敢担保该怎样做，才一定不会失败。但也正因为我们知道事情存在成功的可能性，又不敢确定它一定成功，才能引起我们试试看的兴趣来。

让心先起飞

布勃卡是举世闻名的奥运会撑竿跳冠军。他曾 35 次创造撑竿跳的世界纪录。

作为一名撑竿跳选手，布勃卡曾经也有过一段日子非常苦恼，尽管自己不断地尝试冲击新的高度，但每次都是失败而返。那些日子里，他甚至怀疑自己的潜力。

有一天，他来到训练场，面对高高的标杆，布勃卡禁不住摇头叹息，对教练说："我实在是跳不过去。"

教练平静地问："你心里是怎么想的？"

布勃卡如实地回答："我只要一踏上起跳线，看到那根高悬的标杆时，心里就害怕。"

教练指导他说："布勃卡，你不妨闭上眼睛，先把你的心从标杆上'撑'过去！"

教练的指导，让布勃卡如梦初醒，顿时恍然大悟。他重新撑起竿又试跳了一次，这一次，布勃卡顺利地一跃而过。

于是，一项新的世界纪录诞生了，布勃卡再一次战胜了自我。

【感悟箴言】

著名心理学大师卡耐基经常提醒自己的一句箴言就是："我想赢，我一定能赢。"在困难和挑战面前，一定要战胜自我。赢得成功的最好办法，就是让自己的心先过去。

战胜别人，不能算真正的超越；战胜从前的自己，才是真正的战胜。人有两个生命，一是父母给的生命形体；二是自己赋予自己生命的实质。赋予自己生命的实质，只能依靠创造力。

感受过程的美

你活着就必须工作。工作除了能得到活下去的报酬外，还能带给我们生活的意义，让我们充实，使我们觉得有几分价值和温馨的感觉。

没有工作的人总是空虚的，即使他们有活下去的财富；失业的人必然是不安的，因为他有危及生存，面临三餐不继的不安，同时会造成一种莫名的恐慌。此外，有工作而不肯敬业的人，也会觉得生活失去意义，打不起精神，最后会破坏精神生活，导致生活的苦恼。一个人的尊严，并不在于他能赚多少钱，或获得了什么社会地位，而在于能不能发挥他的专长，兢兢业业地安心工作，过有意义的生活。人们各做各的事，各有不同的生活方式。生活虽然不同，可是每个人都能发挥自己的天分与专长，并使自己陶醉在这种喜悦之中，与社会大众共享，在奉献中，领悟自己的人生价值。这是现代人所最期望的。

每个人都站在不同的立场上，但无论什么立场，绝对没说这个立场不行，或那个工作不好，因为这一切全在于你所持的观点。所有的工作，都有它存在的价值。

有人认为事业有"适合时代"与"不适合时代"的区别，说某种事业是"夕阳事业"，某种事业是"朝阳事业"。从某种角度看，也许是正确的。可是，从事于夕阳事业的人，是不是就注定失败了呢？不一定，只要你肯为事业奉献一颗执着的心，并没有失败与成功的区别。

敬业使一个人工作愉快，有活力。它使人乐于工作，尽心把工作做好，从而获得成功和喜悦。敬业的人一定乐业，乐业的人必然成功。在乏味的、被动的情况下，你不可能提高工作效率，也不可能在工作上发挥创意，敬业的人有一种认真的态度和坚持的习惯。古人坚持"一日不作，一日不食"，勤勤恳恳地把工作做好，把工作当作与生命意义密切相关的问题来看待。也正因如此，敬业的人，一生都绽放着活力和光彩。

工作是历练自己心智、激发精神、提高生活适应力和发挥自己才智最好的方法。生活离不开工作，但工作并不是呆板的机械运动，也不是冰冷的责任分工。工作，充满了人情、热情、欢情。一个没有人情、缺乏温情、极少热情、不知欢情的人，他可能工作，但他没有朋友，性格孤僻，难以享受工作中那美妙动人的旋律。一位心理学家说，对一个喜欢自己工作并认为它很有价值的人来说，工作便成为生活中的一个十分愉快的部分。

热爱工作的人，工作是生活的第一需要。它使人振作、有活力、有朝气，但这必须具备敬业的态度才办得到。敬业的人，经常忘记辛苦，忘记成败，忘记得失，他全神贯注地工作，一心一意把工作做好。套用《中庸》的一句话说："至诚则灵。"在如此投入的状态下，工作不但有效，而且很容易发挥创意，把事业带到一个超然的境界，使人感受到一种精神的享受，感受到一种情操的升华，感受到一种人格的锤炼。热情是事业成功的老师。你要想大展鸿图，应该像热爱恋人那样热爱工作。同时，一经确定目标，就应锲而不舍，且学习去热爱那些不喜欢的工作。热爱工作，是事业成功的基本条件。上网聊天的人通宵达旦、乐此不疲，关键就是兴趣所在。工作也是这样，如果不感兴趣，就不会产生热情，精神与肉体都容易疲倦。这样的话，不仅不会做出成绩，对身心也都是一种损害，这应该说是一种人生的不幸。反之，对工作具有兴趣和爱心，就不仅会积极热忱地工作，同时会从工作中享受到很大的乐趣。真正的幸福就是能自动培养工作兴趣而愉快地工作。

当然，除了老板，无论是高级职员还是员工，被企业聘用，虽说是出于自己的自愿，但并不一定能得到自己喜欢的工作。即使老板，因为最初的阴差阳错，或者发展中的时移世易，他所经营的事业也未必就与自己的兴趣吻合。处此情形，该怎样呢？理想的做法，首先是要"在石头上坐三年"，俗话说就是"既来之，则安之"。也许过了一年，对工作的兴趣就培养起来了。那种不满意现有工作就立即换掉的，客观上不一定有那么多职位等你，或者有，也不安排给你。实际上，换了工作对你来说，也没有什么好处。况且，社会又有所谓"干一行，爱一行"的说法，主观上又未能对你现在喜欢的工作一直热爱下去。一直坐下来等，或者混一天算一天，也不是办法。此时，更要积极地去学习那些不热爱，甚至厌恶的工作。改变对工作态度的方法，是要重新认识所从事工作的意义。如果一个卖冰淇淋机的人老是想"因为有许多人买冰淇淋吃，我才卖这种机器，要是万一有一天没有人吃了怎么办呢？"照这种思路想下去，他肯定不会对这种工作感兴趣，提不起精神来。如果能想到小朋友吃了冰淇淋高兴，工人吃了消暑，他对工作的态度肯定就不一样了。在工作时间里打扑克是令人不能容忍的，制造扑克牌的人对此不感兴趣是在所难免的。但又不易改换工作，那么，改换思路如何？如果想到正常娱乐给人们带来消遣休闲的快乐，不也就会觉得这件工作有意义了吗？同样一件事情，由于观察、思考的角度不同，就会产生不同的看法。不同的看法，会给当事人的心情带来不同的影响。认识到工作的意义，兴趣和爱好也就随之而来。

【感悟箴言】

工作随着志向走，成就随着工作来。人生定位越高，奋进的动力就越大，获得的成就也就越大。实践表明，只有把工作定位在"享受"的高度，才能不断追求高素质。素质高、能力强，无论多么艰巨复杂的工作都能轻松且高标准地完成，感到是一种享受。因此要通过不断地学习，不断地工作实践，确保不断地具备高素质。只有这样，才能自如地创造性地开展工作，由衷感到"工作的确是一种非常崇高的享受"。

心理调节方法

心理压力有两种：一种对你有益，另一种则对你有害。当你对某件事情感兴趣的时候，那就是有益的压力。此时，你会心跳加速，血压稍微升高，体内释放出肾上腺素，而且呼吸变得急促。有害的压力也会产生同样的生理反应，只是这些反应对你的身体并没有好处。研究表明，因为财务不稳定、上司不够体恤、工作能力不足等其他类似因素所产生的有害压力，会导致愤怒、挫折、精疲力竭、沮丧、头痛、高度紧张、失眠、注意力无法集中、消化不良、厌食、喜怒无常、性功能失常、高血压、中风、心脏病，或是因为免疫系统的失调而导致无法抵抗感冒和一般病毒，甚至会虐待配偶和小孩。因此，必须控制这种压力，具体可采用以下方法：

1. 培养正确的态度

把压力视为生命中的转机或挑战。如果你能接受这些挑战，你会更加了解自己，也能培养面对这些压力情境的有益技巧，以免伤人伤己。另一方面，你更能掌握自己的人生方向，更有信心面对未来，迎接挑战。

2. 辨别轻重缓急

不要操之过急，也不要同时处理许多事情。为你生命中重要的事件排列顺序，可以避免突发事件而导致的危机。掌握轻重缓急，让你能正确对待潜在压力的利弊得失。通常，较不重要的事件压力比较少。

要花多少时间和精力来消除压力情境，必须要先看这个情境对你长期和短期目标的关联性有多大。如果你的目标远大，就会容易遭受类似喜怒无常的老板、办公室政治、资源不足等短期目标所带来的压力。因为轻重缓急由你控制，所以，你也能控制大多数工作所产生的压力。若能进一步结合前面学到的时间管理技巧，来决定轻重缓急的顺序，更能让你掌握决策技巧，不致偏离目标，对日常工作便得心应手。

3. 保持弹性

了解你的目标和工作的轻重缓急有助于缓解压力。但是，如果过于择善固执，反而会助长压力的产生。天有不测风云，当你碰到突如其来的压力，要将其视为成长的机遇，而非破坏的来源，并勇敢地接受它。

不要认为自己的想法或感觉一定是正确的。避免旧调重弹、翻老账、迁怒别人，也不要埋怨老天爷对你如何不公平。

所以，你要善用天赋的权力与能力。尽量保持客观、心胸开阔。不要期望别人的行为会前后一致，而要在危机中寻找转机，以达到你的目标。

4. 别把自己的价值观强加在他人身上

当你期待别人在特定环境要和你有同样表现时，你就已经对那个人塑造了一个错误形象。这就是所谓的"偶像化"，因为你看不到也不愿意接受这个人的本来面目，只愿接受你所塑造出来的形象。如果那个人的表现无法达到你所预期的目标，你就会非常失望，挫折和愤怒也会随之而来。

对别人的期望要实际。要容忍别人有不同的价值观和经验，同样，也不要活在别人的不实期待中。不妨把你的需要和这些人讨论，看他们是否愿意接受你的需要。如果他们不愿意，那么你就注定要失败了。

5. 及时沟通

只注意压力的征兆，却忽略导致压力的原因，而且在尚未排除压力产生的内在原因之前，压力虽然可以暂时缓解，但却只是治标不治本，并可能会导致更糟的结果。与其注意压力的征兆，不如把这个征兆当作线索，去试图找出产生压力的原因并加以矫正。

让那些造成你压力来源的人知道你的感受："我一个人留在办公室时，就感觉好像要被工作压垮了，而且无法集中精神做我分内的事。"因此，不妨就如何解决压力的话题开始谈起："你迟到的时候，我必须帮你做事，哪一天如果我要早点离开，你可不可以也帮我处理一下？"以减轻工作负担过重所产生的压力。

6. 保持客观

随时留意你的长期目标，理出先后顺序，能让你掌握全局，并且避免受到不必要的干扰。一旦意料之外的事情发生，你的情绪也不会受到波及。

7. 接纳现状

不要把时间浪费在无法改变的事物上，尽量在你使得上劲的地方下功夫，努力寻找改善现状的契机。接受你无法开展影响力的事实，并不表示你得放弃希望，它意味着你可将精力转移到别的地方，而有不同的转变。

下面是几点协助你克服这些难挨处境的办法：

①提醒自己这种令人不快的情境，都会事过境迁。

②了解并接受压力的事实，但不要被任何负面的情绪打倒。

③专心于有益达到你短期或长期目标的工作上。

④对别人的敌意及粗鲁态度不要太敏感，那是他们的问题，不是你的。

⑤靠自己的力量来渡过难关，天助自助者。

⑥吃一顿丰盛晚餐，看一场电影，休个假，买个小礼物，来奖励自己，能让你精神为之一振。

8. 深呼吸

面临压力时，最好让你自己暂时脱离焦虑的情境。所以，呼吸一点新鲜空气，舒服地坐在桌子前，闭上眼睛，数到四。每一个数字花一秒钟：一、二、三、四。数到四时，用鼻子吸气，让肺部充满空气，直到有点不舒服为止；暂时屏气凝神，再从一数到四。数到四时，从嘴巴吐气。只要重复几次这个动作，就能消除压力。

这个方法如果能和视觉影像配合，效果会更好。一边深呼吸时，一边想象问题解决、压力消除之后的快乐情景。然后问问自己，要怎么做，才能达到那样的结果。而这个答案就是你的行动计划。

把深呼吸和视觉影像配合的好处是，使你在轻松的状态下，集中注意力。这种轻松的注意力集中状态，就是你的成功之保证。

如果你没有时间深呼吸和想象成功远景，就把全身的肌肉绷紧20秒，然后放松。这个方法虽无法实际解决任何问题，不过会让你达到放松的效果。

9. 采取行动

找出问题症结，针对事件设定策略来克服难题。不要让你自己沦为压力或他人故意行为的受害者。如果你老在回应别人，你永远无法掌握自己的人生，而且，如果你总是随便发火，只会让自己更容易受到伤害。

想想那些让你愉快、能激励你、对你长期目标有益、能让你有成就感的事。然后采取必要行动，以获得你应得的美好结果。

10. 不要采取行动

你没有必要对每一种感受都有所行动，但不妨接纳某些感受。也许你无法妥善应对所有他人对你的批评、指责，但先不要加以评判，暂时不要有任何回应。如果你要有所动作，先把对错摆一旁，而想想谁提出的方式比较有效。

11. 适可而止

每完成一件事，就把它从你的行动计划表上划掉，休息一下再做新的工作。每天要把桌上和目前工作不相干的东西拿掉并检查自己的工作成果，然后把工作留在办公室。如果一定得把工作带回家，要设定一段执行的时间，若超过时间，就不要再做，除非进度真的落后很多。记住，没有什么工作值得赔上你的生活。

12. 找人聊聊

在你工作已经堆积如山时，冒犯你的人也许早把工作做好了，或许正在饱餐一顿、睡大觉或打高尔夫球去了。所以，为什么要跟自己过不去呢？详细规划冲突时的应对守则是态度一定要坚定。同时，找一个信得过的人谈谈，把心中的挫折、愤怒和痛苦都发泄出来，做自己喜欢、有把握的事，并且下定决心，永远不再跟那群冒犯你的家伙较劲。

13. 预防措施

健康的生活方式有助于减轻压力，而高脂肪的垃圾食物会增加胃的负担，让你更疲累。酒虽然能暂时缓解压力，但无法治本，有时反而会造成更大的问题。咖啡因则只会让你更焦虑。建议你多吃新鲜蔬果、全麦和高纤维食物来保持健康。

持之以恒的运动，例如每周三次，一次一小时，不仅能降低体内因压力而产生的肾上腺素，消除压力产生的生理反应；同时也能强化身体对抗压力的能力，增加体内能振奋心情的吗啡。大多数人都发现持之以恒的运动让他们精力更旺盛。

但是，不要运动过度。过度的运动会产生过量的可体松物质。可体松是人体的肾上腺皮质所产生的化学物质，所以，不妨在运动后，洗个热水澡。

晚上好好睡一觉。如果压力使你整晚睡不着觉，白天可以小睡片刻。有人可能不习惯，不过，你可训练自己。五分钟的小憩，绝对可以让你精力旺盛一个小时。

14. 善待自己

责备自己、为别人承担不必要的责任、杞人忧天都会破坏你的免疫系统。面临压力时，抽空出去走走，看场电影，和朋友吃个饭或者自己独处一下，这些都是你需要的，而且是你应做的。

15. 每周有一个晚上九点上床

在每星期中找一天（比如星期五），晚上九点就上床睡觉。这么做，不仅会让你一个礼拜所累积的疲倦得到舒服的释放，也会给你一个轻松周末的开端。

如果你已经削减了一些热闹的娱乐活动，无论如何，你礼拜五晚上一定要待在家里，如此才能有一个美好的夜晚。礼拜天，也是很适合提早睡觉的日子，因为，礼拜天的事情通常是比较少的，而且，提早睡觉也可以让你充分休息，好应付下一个礼拜的开始。

不管你选择哪一个晚上提早睡觉，你投资在睡眠上的，将会得到很大的回报。例如，你这么做必定会比晚睡时来得精神充足、神清气爽，而且，在能量充足之后，你的工作和休闲的效率及品质，也必然提高许多。

当你开始实行简化生活运动时，你会发现一种惊人的现象：许多旧有的价值观，像是新教徒的工作伦理，如懒惰是恶魔的专利、今日事今日毕、早起的鸟儿有虫吃等，已经渐渐地对你没有影响了。因此，你也开始了解：你可以大胆地放松自己，甚至什么事都不做，就算提早上床睡觉，也不再是件罪恶的事了。

【感悟箴言】
在日常生活中，当你面临心理压力时，是以疯狂的工作或玩乐麻痹自己，或者沉浸在悲伤中不能自拔，还是平静地处理好问题然后置之脑后？

不要让压力占据你的头脑。保持乐观是控制心理压力的关键，我们应将挫折视为鞭策我们前进的动力，不要养成消极的思考习惯，遇事要多往好处想。洞察你的心声。我们应多聆听自己的心声，给自己留一点时间，平心静气地想一想，努力在消极情绪中加入一些积极的思考。

没有健康就失去了一切

拥有健康并不能拥有一切，但失去健康却会失去一切。健康不是别人的施舍，健康是对生命的执着追求。

很少有人能够彻底明白体力与事业的关系是怎样重要、怎样密切。人们的每一种能力，每一种精神机能的充分发挥，与人们的整个生命效率的增加，都有赖于体力的旺盛。体力的旺盛与否，可以决定一个人的勇气与自信心。而勇气与自信心，是成就大事业必需的条件。体力衰弱的多是胆小、寡断、无勇气的。要想在人生的战斗中得到胜利，其中一个条件，就是每天都能以一副体强力健的状态、精力饱满的身体去对付一切。然而有些人却以一个有气无力、半死半活之躯从事工作，其不能得到胜利，又何待言！

对于那整个生命所系的大事业，你必须付出你的全部力量才能成功。只发挥出你的一小部分的能力从事工作，工作一定是干不好的。你应该以一个坚强、壮健、完全的"人"去从事工作，工作对于你，是趣味而非痛苦，你对于工作，是主动而非被动。假如你以一个精疲力竭的身体去从事工作，你的工作效率自然要大减。在这种情形之下，你所做的一切，将都带着"弱"的记号，而在弱的中间，成功是难以得到的。

许多人，就失败在这点上——从事工作，开展事业时，不能发挥出其全部的力量——一个活力低微、精神衰弱、心理动摇、步骤不定、情绪波动的人，自然永远不能成就出什么了不起的事业来。

聪明的将军，不肯在军士疲乏、士气不振时，统率他们去应付大敌。他一定要秣马厉兵，充足给养，然后才肯去参加大战。

在人生的战斗中，能否得到胜利，就在于你能否保重身体，能否保持你的身体于"良好"的状态。一匹有"千里之能"的骏马，假如食不饱、力不足，在竞赛时，恐怕反要败于平常的马。一个具有一分本领的体力旺盛的人，可以胜过一个因生活不知健康而致体力衰弱并具有十分本领的人。假如在你的血液中没有火焰的燃烧，在你的身体中没有精力的储存，则你在人生战斗中一经打击，就会失败。

一个人有大志，有彻底的自信心，而同时又具有足以应付任何境遇、抵挡任何事变的旺盛的体力，则他一定能够从那些阻碍体弱者努力的烦闷、忧虑、疑惧等种种精神束缚中解脱出来。

旺盛的体力可以增强人们各部分机能的力量，而使其效率、成就较之体力衰弱的时候大大增加。强健的体魄可以使人们在事业上处处取得成效、得到帮助。

凡是有志成功、有志上进的人，都应该爱惜、保护体力与精力，而不使其有稍许浪费于不必要的地方，因为体力、精力的浪费，都将可能减少我们成功的可能性。

世间有不少有志于成大事的人，因没有强壮的体力为后盾，而导致壮志未酬身先死。然而世间又另有大批的人，有着强壮的体力却不知珍重，任意浪费在无意义、无益处的地方，而摧毁了珍贵的"成功资本"。

假如美国的罗斯福总统，当初对于身体不曾加以注意与补救，他的一生，恐怕是要成为一个可怜的失败者吧！他曾经说："我是一个软弱多病的孩子。但我后来决意要恢复我的健康，我立志要变为强健无病，并竭尽全力来做到这点。"

健康的维护，有赖于身体中各部分的均衡运转，而成功的取得，又有赖于身体与精神两方面的均衡发展。所以我们必须尽一切努力，以求得到身体上的平衡，而身体上的平衡得到以后，则精神上的平衡也就容易得到了。人们得疾病的部分原因，是由于身体各部分的发展不均衡。例如，对于某一部分的细胞不需要过度的刺激与活动，而有些部分的细胞，则嫌刺激、活动太少。均衡的发展才是正道。

身心不断地活动，是祛病健身的最好方法。要维持健康，必要的活动绝对是前提。

人体中的各部分机体如不经常活动，绝不可能保持健康。所以工作中一切行动和过程都是生命中调节机制的结果。"空闲"最是误事。人们的犯罪作恶行为，大都是在空闲时才发生的。一个在正当的事务上忙碌的人，他是安全的。他能避免许多在空闲的时候可能使他误入歧途的种种诱惑。

一位著名的英国医师曾说，人要得享长寿，必须要做到除了睡眠时间以外使脑部不断活动。每个人必须于职业、工作之外找一种正当嗜好。职业给他以生活资本，嗜好则给他以生活乐趣，可以使他在愉快、高兴的心情下，活动其精神。"行动"的意义等于"生命"，而"静止"则等于"死亡"！

【感悟箴言】

假设一个人有 100000000 万，前面的 1 代表健康，后面的 0 代表你的房子、车子、妻子、儿子、金子等，如果没有前面的健康 1，后面都等于 0。所以健康对每个人都是很重要的，有了健康就有了一切。

能够让你感到心情愉快的，不是财富，而是健康。我们在生活中常常可以从那些我们看来是生活在社会底层的人们的脸上看到他们愉快的笑容，而同时我们也常常会在那些拥有大量财富的在我们看来生活在社会上层甚至是顶层的人们的脸上看到他们愁眉不展。我们都有过这样的体验：对于同一事情，在健康强壮时与缠绵病榻时，你的看法和感受会完全不同，这说明健康已经影响到了你的情绪。

当我们与他人相见时，往往首先问候的是对方的健康状况，相互祝福身体康泰，这说明从根本上说健康就是人类幸福最重要的成分，只有那些愚昧的人才会为了其他的"身外之物"或所谓的幸福而牺牲健康。

乐观就能向上

英国作家萨克雷有句名言："生活是一面镜子，你对它笑，它就对你笑；你对它哭，它也对你哭。"如果我们心情豁达、乐观，我们就能够看到生活中光明的一面，即使在漆黑的夜晚，我们也知道星星仍在闪烁。一个心境健康的人，就会思想高洁，行为正派，就能自觉而坚决地摒弃肮脏的想法，不与邪恶者为伍。我们既可能坚持错误、执迷不悟，也可能相反，这都取决于我们自己。这个世界是由我们创造的，因此，它属于我们每一个人，而真正拥有这个世界的人，是那些热爱生活、拥有快乐的人。也就是说，那些真正拥有快乐的人才会真正拥有这个世界。

性格对于一个人的生活有着极为重要的影响。性格乐观的人总能看到生活中好的东西，对于这种人来说，根本就不存在什么令人伤心欲绝的痛苦，因为他们即使在灾难和痛苦之中也能找到心灵的慰藉，正如在最黑暗的天空中心灵总能或多或少地看见一丝亮光一样。尽管天上看不到太阳，重重乌云布满了天空，但他们还是知道太阳仍在乌云上，太阳的光线终究会照到大地上来。

这种使人愉悦的性格不会遭人嫉妒。具有这种性格的人，他们的眼里总是闪烁着愉快的光芒，他们总显得欢快、达观、朝气蓬勃，他们的心中总是充满阳光。当然，他们也会有精神痛苦、心烦意躁的时候，但他们不同于别人的就是他们总是愉快地接受这种痛苦，没有抱怨，没有忧伤，更不会为此而浪费自己宝贵的东西。

具有乐观、豁达性格的人，无论在什么时候，他们都能感到光明、美丽和快乐的生活。他们眼睛里流露出来的光彩使整个世界都流光溢彩。在这种光彩之下，寒冷变成温暖，痛苦会变成舒适。这种性格使智慧更加熠熠生辉，使美丽更加迷人灿烂。那种生性忧郁、悲观的人，永远看不到生活中的七彩阳光，春日的鲜花在他们的眼里也失去了妖艳，黎明的鸟鸣变成了令人烦躁的噪音，无限美好的蓝天、五彩纷呈的大地都像灰色的布幔。在他们眼里，创造仅仅是令人厌倦的、没有生命和没有灵魂的苍茫空白。

尽管性格主要是天生的，但正如其他生活习惯一样，这种性格也可以通过训练和培养来获得或加强。我们每个人都可能充分地享受生活，也可能根本就无法懂得生活的乐趣，这在很大程度上取决于我们从生活中提炼出来的是快乐还是痛苦。我们究竟是经常看到生活中光明的一面还是黑暗的一面，这在很大程度上决定着我们对生活的态度。任何人的生活都是两面的，问题在于我们自己怎样去审视生活。我们完全可以运用自己的意志力量来做出正确的选择，养成乐观、快乐的性格。乐观、豁达的性格有助于我们看到生活中光明的一面，即使在最黑暗的时候也能看到光明。

聪明的人往往能够在烦恼的环境中寻找到快乐。因烦恼本身是一种对已成事实盲目的、无用的怨恨和抱憾，除了给自己心灵一种自我折磨外，没有任何的积极意义。为了不让烦恼缠身，最有效的方法是正视现实，摒弃那些引起你烦恼不安的幻想。世界上不存在你完全满意的工作、配偶和娱乐场地，不要为寻找尽善尽美的道路而挣扎。实际上，并不是所有在生活中遭受磨难的人，精神上都会烦恼不堪。相信很多人对生活的磨难和不幸的遭遇，往往是付之一笑，看得很淡；倒是那些平时生活安逸平静、轻松舒适的人，稍微遇到不如意的事情，便会大惊小怪起来，引起深深的烦恼。这说明，情绪上的烦恼与生活中的不幸并没有必然的联系。生活中常碰到的一些不如意的事情，这仅仅是可能引起烦恼的外部原因之一，烦恼情绪的真正病源，应当从烦恼者的内心去寻找。大部分终日烦恼的人，实际上并不是遭到了多大的个人不幸，而是在自己的内心素质和对生活的认识上，存在着某种缺陷。因此，当受到烦恼情绪袭扰的时候，就应当问一问自己为什么会烦恼，从内在素质方面找一找烦恼的原因，学会从心理上去适应你周围的环境。

不管你生活中有哪些不幸和挫折，你都应以欢悦的态度微笑着对待生活。下面介绍几条原则。只要你反复地认真试行，就可能减轻或者消除你的烦恼。

1. 要朝好的方向想

有时，人们变得焦躁不安是由于碰到自己所无法控制的局面。此时，你应承认现实，然后设法创造条件，使之向着有利的方向转化。此外，还可以把思路转向别的什么事上，诸如回忆一段令人愉快的往事。

2. 不要把眼睛盯在"伤口"上

如果某些烦恼的事已经发生，你就应正视它，并努力寻找解决的办法。如果这件事已经过去，那就抛弃它，不要把它留在记忆里，尤其是别人对你的不友好态度，千万不要念念不忘，更不要说："我总是被人曲解和欺负。"当然，有些不顺心的事，应适当地向亲人或朋友吐露，这样可以减轻烦恼造成的压力，心情会好受一些。

3. 放弃不切合实际的希望

做事情总要按实际情况循序渐进，不要总想一口吃个胖子。有人为金钱、权力、荣誉而奋斗，可是，这类东西你获得的越多，你的欲望也就会越大。这是一种无止境的追求。一个人发财、出名似乎是一下子的事情，而实际上并非如此。你应在怀着远大抱负和理想的同时，随时树立短期目标，一步步地实现你的理想。

4. 要意识到自己是幸福的

有些想不开的人，在烦恼袭来时，总觉得自己是天底下最不幸的人，谁都比自己强。其实，事情并不完全是这样，也许你在某方面是不幸的，在其他方面依然是很幸运的。如上帝把某人塑造成矮子，但却给他一个十分聪颖的大脑。请记住一句风趣的话："我在遇到没有双足的人之前，一直为自己没有鞋而感到不幸。"生活就是这样捉弄人，但又充满着幽默之味，想到这些，你也许会感到轻松和愉快。

【感悟箴言】
乐观向上的人生态度，不是靠一味和风细雨、豪言说教就可能形成的，它更有赖于逆境的砥砺，有赖于苦难、悲伤、忧郁的体验。

制定成功的目标

在追求某个人生目标的过程中，人们常常会被那些并不重要的细枝末节和毫无意义的杂事分散精力，忘记自己的初衷，甚至走到岔路上。所以要时刻提醒自己"土拨鼠哪去了"。我们在处理任何事之前，都要检查一下，自己是否知道处理这件事的意义所在，采用什么样的方法最合适，自己有没有能力做。不明白的事做不得。在别人让你做一件事时，一定要弄清对方的真实意图。

规划好你的人生

我们天生需要追求目标，如果我们没有自己所喜爱的目标，没有自己感到有意义的目标，我们很容易兜圈子，感到迷失，觉得生活没有目的。那些认为人生没有价值的人实际上是因为他们自己缺乏有价值的人生目标。

我们的生活就像是登山，如果你抬头望着要攀登的山顶，你会感到有需要奋斗的方向，如果你只会平视着眼前，那么你注定将看不到山顶壮丽的风光。一位有目标的追求者，可以朝着目标奋勇前进，前方有着惊喜在等待。而没有目标的人只会浑浑噩噩度此一生。

不甘心于平庸的人，会为自己定一个值得努力的目标，而要实现自己的目标最好有个计划表。在表中注明在自己人生的不同时刻，你希望达成的愿望；或者遇到一些意外的时刻时，你希望怎样来处置。在你面前经常有个你盼望的东西，为它工作，把它作为希望，前瞻而不后顾。你要培养对将来的盼望，不要培养对往事的怀念，这样会使你保持青春的活力。有一些人在退休后不久就长眠了，他们之所以衰老得这么快，就是因为他们已不再是目标的追求者，而且在心里不再盼望任何事情，这使得他们的身体无法发挥功能。你不追求目标，你不向前展望，那么你就不是在真正地生活。

下边的一则寓言能够很好地诠释目标与计划带给人的神奇作用：

话说有一条毛毛虫，有一天爬呀爬呀爬过山河，终于来到了一棵苹果树下。它并不知道这是一棵苹果树，也不知树上长满了红红的苹果。当它看到同伴们往上爬时，不知所以的就跟着往上爬。没有目的，不知终点，更不知生为何求、死于何所。

它的最后结局呢？也许找到了一只大苹果，幸福地过了一生；也可能在树叶中迷了路，颠沛流离糊涂一生。不过可以确定的是，大部分的虫都是这样活着的。

又有一条毛毛虫也来到了苹果树下。这条毛毛虫相当难得，小小年纪，却自己研制了一副望远镜。在还未开始爬时，就先利用望远镜搜寻一番，找到了一只超大苹果。它很细心地从苹果的位置，由上往下反推至目前所处的位置，记下这条确定的路径。于是，它开始往上爬，当遇到分支时，它一点也不慌张，因为它知道该往哪条路走，不必跟着一大堆虫去挤破头。最后，这条毛毛虫找到了自己的超级大苹果。

毛虫1号，什么也不用去思考，虽然"虫生"也许会轻松一些，但是，它的未来是一片模糊，只能被动地接受上帝赐予的"虫生"，丧失对自己生命的主动权。而毛虫2号，在还没有开始时就已经把自己的路线规划好了，它能够按照自己的计划得到已经被预期好的一切，它掌握了自己的未来。

没有一位足球教练不在赛前说明细致周密的比赛计划才派球队上场比赛。当然这个计划也不是一成不变的，比赛进行中教练一定会做某些修正。但重要的是，在开始前一定要做好计划。

你是愿意成为毛虫1号呢，还是愿意成为那个把握住自己命运的2号呢？

"凡事预则立，不预则废"，也就是说做任何事都要有个计划，早做准备才能成竹在胸。人生也是同样的，给自己一个目标与计划，你能够更好地掌握人生。人生目标必须是长久的、固定的，这样你才能给自己圈定一个方向，防止向四面八方延伸而丧失力量，就好像物理学上的合力一样，在同一个方向上前进的力得到的合力就大，在其他方向上胡乱前进的力最终得到的合力就小。对于人生目标，很多人都会说我有啊，但仔细分析一下就会发现，很多人对自己的人生目标并不是很确定，而且会经常说，我一定要如何如何，这是常立志。天体物理学家阿莫·彭齐亚斯（Amo Penzias）是诺贝尔奖金获得者，也是贝尔实验室的主任。他告诫渴望成功的人士，千万不要说："我对这个感兴趣。我对那个也感兴趣，我对什么都感兴趣。"他说："就我本人来说，我的确对许多事情都很感兴趣，但是，与此同时，我必须明白，哪件事我不应当去做。有许多很聪明的人就是因为无法决定放弃哪些，于是只抓住了小事，浪费了时间。"常立志的人，经常给自己换个目标。然后就把自己的精力分散在这些个目标上，这样到最后虽说不一定是一事无成，但却不如那些把自己的精力都投入一件事情上的人来得成功，人毕竟时间与精力有限，不可能把样样事情都做好，所以正确的选择是立长志。许多人在埋头苦干时，从未发掘人生的终极目标，只是为忙碌而忙碌，未曾洞悉自己心灵深处的所欲所求，也不曾审视过自己的人生信条：你到底要什么？什么是你生命中最重要的？你的生活重心是什么？只有确立了符合价值观的人生目标，才能凝聚意志力，全力以赴且持之以恒地付诸实现，才有可能获得内心最大的满足。

把自己的人生目标写下来，写在纸上，并且经常拿出来看。告诉自己最喜欢的人。有调查表明，80%的人没有明确的人生目标，在剩下的20%中又有80%的人没有将自己的目标明确写下来。所以成功的人大约只有4%。其次，要有行动计划。有了目标，就要写出自己的行动计划来，这个月做什么？本周做什么？今天做什么？按照行动计划表去做事情，你就不会到处乱撞，就不会觉得无事可做，也能把自己希望办好的事情办好了。

【感悟箴言】

为自己量身打造一个人生计划吧，把你希望的未来的人生规划画一幅蓝图，照着这个蓝图一步一步把自己推向人生胜利的高峰。

一个明确的目标、一份清晰的计划，可令我们的努力得到双倍，甚至数倍的回报。

计划你的每一天

你最好为你的每一天和每一周定个计划，否则你就只有按照不时放在你桌上的东西去分配你的时间，也就是说，你完全由别人的行动来决定你办事的优先与轻重次序。这样你将会发觉你犯了一个严重错误——每天只是在应付问题。

为你的每一天定出一个大概的工作计划表，尤其要特别重视你当天应该完成的两三项主要工作。其中一项应该是使你更接近你一生奋斗目标之一的重要行动。在星期四或星期五，照着这个办法为下个星期作同样的计划。

请记住，没有任何东西比事前的计划能促使你把时间更好地集中用到生产性活动上来。研究结果证实了一个定理：当你做一项工作之时，做计划的时间越多，做这项工作所用的总时间就会越少。不要让一天繁忙的工作把你的计划时间表打乱。

人们经常在人生的道路上迷失方向，因徘徊和迷途消耗了生命。而高效能的人懂得设计自己的未来。他们认真地计划自己要成为什么样的人，想做些什么，要拥有什么，并且清晰明确地写出，以此作为决策指导。因此，"以始为终"是实现自我领导的原则。这将确保自己的行为与目标保持一致，并不受其他人或外界环境的影响。

确立目标后全力以赴，在正确的时间做正确的事，并把事情做对。当然，要求自己按照计划表来实施人生计划的人还需具有超强的毅力、百折不挠的精神和永不怀疑的气概。

长期的目标，就是你的核心目标，是一条主线，要保持它的稳定，而短期的目标则可以多个，需要不断地调整和修正，而不是一成不变的。

稍有炒股经验的人大概都知道巴菲特，他是美国当代最著名的投资家，也是美国唯一靠股票投资成为亿万富翁的人。

巴菲特从小就显露出赚钱的天才。他11岁时，曾劝姐姐以每股38美元买了3股"城市服务公司"的股票，不久股票下跌到27美元。姐姐担心自己的全部积蓄将化为乌有，每天责怪巴菲特不该让她上当。后来股票慢慢回升到40美元，巴菲特赶快卖掉姐姐的股票，去掉手续费后净赚了5美元。但是这家公司的股票紧接着就上涨到每股200美元。从这件事上，巴菲特获得了他终身遵守的两条准则：

第一，设立目标必须通过严谨的思考和精密的测算。

第二，目标设立后，绝不轻易放弃和改变，尤其是核心目标。

【感悟箴言】

认准了你的目标，就坚持下去，忠实于它，你就会得到自己想要的。

测定目标

1952年7月4日清晨，加利福尼亚海岸笼罩在浓雾中。在海岸以西21英里的卡塔林纳岛上，一个34岁的女人涉水进入太平洋中，开始向加州海岸游去。要是成功了，她就是第一个游过这个海峡的女性。这名女性叫费罗伦丝·查德威克。在此之前，她是从英法两边海岸游过英吉利海峡的第一个女性。

那天早晨，海水冻得她身体发麻。雾很大，她连护送她的船都几乎看不到。时间一个钟头一个钟头过去，千千万万人在电视上注视着她。有几次，鲨鱼靠近了她，被人开枪吓跑了。她仍然在游。在以往这类渡海游泳中她的最大问题不是疲劳，而是刺骨的水温。

15个钟头之后，她被冰冷的海水冻得浑身发麻。她知道自己不能再游了，就叫人拉她上船。她的母亲和教练在另一条船上。他们告诉她海岸很近了，叫她不要放弃。但她朝加州海岸望去，除了浓雾什么也看不到。几十分钟之后——从她出发算起 15 个钟头零 55 分钟之后——人们把她拉上了船。又过了几个钟头，她渐渐觉得暖和多了，这时却开始感到失败的打击。她不假思索地对记者说："说实在的，我不是为自己找借口。如果当时我看见海岸，也许我能坚持下来。"人们拉她上船的地点，离加州海岸只有半英里！

后来她说，真正令她半途而废的不是疲劳，也不是寒冷，而是因为她在浓雾中看不到目标。查德威克小姐一生中就只有这一次没有坚持到底。两个月之后，她成功地游过了同一个海峡。她不但是第一位游过卡塔林纳海峡的女性，而且比男子的纪录还快了大约两个钟头。

【感悟箴言】

查德威克虽然是个游泳好手，但也需要看见目标，才能鼓足干劲完成她有能力完成的任务。因此，当我们规划自己的职业生涯时，千万别低估了制定可测目标的重要性。设立目标必须通过严谨的思考和精密的测算。目标设立后，绝不轻易改变或放弃，尤其是核心目标。

最初的梦想

有个叫布罗迪的英国教师，在整理阁楼上的旧物时，发现了一沓练习册，是皮特金幼儿园 B（2）班 31 位孩子的春季作文，题目叫：未来我是……

他本以为这些东西早就荡然无存了，没想到，它们竟安然地躺在自己家里，并且一躺就是 50 年。

布罗迪随手翻了几本，很快便被孩子们千奇百怪的自我设计给迷住了。比如，有个叫彼得的小家伙说自己是未来的海军大臣，因为有一次他在海里游泳，喝了 3 升海水都没被淹死；还有个说，自己将来必定是法国总统，因为他能背出 25 个法国城市的名字；最让人称奇的是一个叫戴维的盲童，他认为，将来他肯定是英国的内阁大臣，因为在英国还没有一个盲人进入过内阁。总之，这些孩子都在作文中描绘了自己的未来。

布罗迪读着这些作文，突然有一种冲动：何不把这些本子重新发到同学们手中，让他们看看现在的自己是否实现了50年前的梦想。当地一家报纸得知他的这一想法后，为他刊登了一则启事。没几天，书信便向布罗迪飞来。其中有商人、学者及政府官员，更多的是没有身份的人。他们都表示，很想知道自己儿时的梦想，并且很想得到那本作文本。布罗迪按地址一一给他们寄去。

一年后，布罗迪手里仅剩下戴维的作文本没人索要。他想，这个人也许是死了。毕竟50年了，50年间是什么事都会发生的。

就在布罗迪准备把这个本子送给一家私人收藏馆时，他收到了内阁教育大臣布伦克特的一封信。信中说，那个叫戴维的就是我，感谢您还为我们保存着儿时的梦想。不过我已不需要那个本子了，因为从那时起，我的梦想就一直在我的脑子里，我从未放弃过。50年过去了，可以说我已经实现了那个梦想。今天，我还想通过这封信告诉其他的30位同学，只要不让年轻时美丽的梦想随岁月飘逝，使其成为追求的目标，那么成功总有一天会出现在你面前。

【感悟箴言】

将理想记在心中，并且努力地一天天地去实现它，这样才能有梦想成真的一天。高尔基说："生活的意义寓于美和追求生活目标的力量，而且应当使生活的每一时辰都有崇高的目的。"

坚韧的脚步

美国海岸警卫队的一名厨师，空余时间，他代同事们写情书，写了一段时间以后，他觉得自己突然爱上写作。他给自己订立了一个目标：用两到三年的时间写一部长篇小说。

为了实现这个目标，他立刻行动起来。每天晚上，大家都去娱乐了，他却躲在屋子里不停地写啊写。这样整整写了8年以后，他终于第一次在杂志上发表了自己的作品，可这只是一个小小的豆腐块而已，稿酬也只不过是 100 美元。他没有灰心，相反他却从中看到了自己的潜能。

从美国海岸警卫队退休以后，他仍然写个不停。虽然稿费没有多少，欠款却越来越多了，有时候，他甚至没有买一个面包的钱。尽管如此，他仍然锲而不舍地写着。朋友们见他实在太贫穷了，就给他介绍了一份到政府部门工作的差事。可他却拒绝了，他说："我要做一个作家，我必须不停地写作。"又经过了几年的努力，他终于写出了预想的那本书。为了这本书，他花费了整整12 年的时间，忍受了常人难以承受的艰难困苦。因为不停地写，他的手指已经变形，他的视力也下降了许多。

然而，他成功了。小说出版后立刻引起了巨大轰动，仅在美国就发行了 160 万册精装本和 370 万册平装本。这部小说还被改编成电视连续剧，观众超过了一亿三千万人，创电视收视率历史最高纪录。这位作家获得了普利策奖，收入一下子超过 500 万美元。

他的名字叫哈里，他的成名作叫《根》。哈里说："取得成功的惟一途径就是'立刻行动'，努力工作，并且对自己的目标深信不疑。世上并没有什么神奇的魔法可以将你一举推上成功之巅，你必须有理想和信心，遇到艰难险阻必须设法克服它。"

【感悟箴言】

一个人在追求成功的过程中不可避免地会受到外界因素的影响，在思考与计划、接受锻炼以达到某项远程目标、解决问题等方面，情感信念可以使你发挥心灵力量，因而决定你的所作所为。所以，你要有为了目标锲而不舍的精神，提高自己的自制力。这样才有可能获得成功。

独辟蹊径

哥白尼在克拉科夫大学读书时，利用学校的仪器，他观测研究着美丽而变幻莫测的天空。为了揭示宇宙的奥秘，他几乎读遍了能弄到手的各种书籍、文献资料。一个大胆的设想在他的心中形成："我认为托勒密把宇宙的根本问题搞错了，宇宙的中心不是地球而是太阳，地球不是静止的，而是不停运转的。"

托勒密是著名的天文学家，算得上天文学的老祖宗。他认为"地球是宇宙的中心……"这个观点已经被人们接受。并且被神学家利用，维持了1400多年。哥白尼敢于对一种统治人类1000多年并与圣经教义相吻合的学说提出疑问，这需要何等的自信、何等的勇气！

于是，哥白尼有了清晰的目标。为了证明自己的大胆设想，他和知名天文学家玛利亚一起进行了一次著名的观测。这次观测的结果证明了托勒密的学说与客观现象之间是矛盾的。正当哥白尼结束了长达10年的学习，要离开意大利的时候，天空出现了彗星，瘟疫又在流行。这时，教会趁机蛊惑人心，说这是天主对世人的惩罚，灾难和瘟疫将接踵而来。一时间，城里被闹得乌烟瘴气。教会的人还预言说，土星和木星还会连续四次会合。最后一次会合的时间将是6月10日。人们听了这些可怕的传言之后慌慌张张的，富人们及时享乐，穷人们倾家荡产购买教会的赎罪符，想以此得到神的保护。为了揭穿教会的骗局，哥白尼加紧观测天空，最后经过演算，他认为土星、木星第四次重合的时间不是6月份，而是提前一个月左右。事实印证了哥白尼的推论！教会的谎言不攻自破。

一次聚会上，哥白尼把他长期隐埋在心中的观点抖了出来：太阳是宇宙的中心所在，地球和别的星球一样绕着太阳运转，它一昼夜绕地轴自转一周，一年绕太阳转一周……这就是我们今天所说的"太阳中心学说"。这个新鲜的见解使会上的学者们耳目一新。同时，他们又深深地为哥白尼担心：教会会放过他这样的异端邪说吗？

年轻的哥白尼对教会的压力毫不畏惧，他相信自己的眼睛，相信自己所看到的一切都是真实的，符合科学精神的。为此，他用积蓄购买了一座箭楼，把它布置成简易的天文台，自制了一些观测仪器。在这座被后人称为"哥白尼塔"的箭楼上，他进行了

50 多次观测，终于使他所提出的"日心说"更加完善，一切有据可查的观测和数学都充分地证明了他的理论是正确的。他在《天体运行论》一书中，提出"地球是圆球形状"的论点，并说明地球不断自转和公转。他的目标实现了。

【感悟箴言】

世界上没有完美的事物，所以再好的新构想也会有缺陷。而一个很伟大的计划，如果确实可行并且继续发展，要远远胜过跟在别人后面走的仿制计划。因为前者具有挑战性，后者却只求平安。如果你一直在想而害怕做的话，根本成就不了任何事。有很多好计划没有实现，就是因为马上开始的时候却担心"我能不能去做这件事"而耽误了。

最佳目标

西华·莱德是英国知名作家兼战地记者，二战期间，他从一架受损的运输机上跳伞逃生，落在缅印边境的一片丛林中。当地人告诉他，这里距印度最近的市镇也有 140 英里。对于习惯于以车代步的西华·莱德来说，这几乎是段可望而不可及的路程。为了活命，西华·莱德拖着落地时扭伤的双脚一瘸一拐地走下去。不过战前研究过心理学的西华·莱德知道如何才能让自己轻装上阵，他努力地控制自己不去想那个让人倍感沉重的数字。奇迹发生了，西华·莱德回到了印度。

这段插曲公之于世后，在他的家乡肯德郡引起不小的轰动，许多年轻人把"走完下一英里"作为自己的座右铭，而这恰恰是西华·莱德在途中的唯一念头。

二战结束后，西华·莱德接了一个每天写一个广告的差事，出于信任，广告商并没跟他签订合同，也没明确一共要写多少个广告。心无旁骛的西华·莱德就这样不停地写下去，结果连续写完了 2000 个广告。他在事后很有感慨地说："如果当时签的是一张写 2000 个广告的合同，我一定会被这个数目吓倒，甚至把它推掉。"

对于正在跋山涉水的人来说，最重要的不是忧虑目标有多远，而要学会分割目标，然后一步一步走下去，而每走一小步，是不需要多大勇气的。

【感悟箴言】

要成功，必须先设定目标，在合理的前提下，制定一个较长期的目标，然后再派生出若干短期的目标。无论是长期或短期的目标，必须有一个时间限定，在时间进度表中，还需要有周密的计划。长期的目标，就是你的核心目标，是一条主线，要保持它的稳定；而短期的目标则可以改变，需要不断地调整和修正，而不是一成不变的。

认清路线

1984 年，在东京国际马拉松邀请赛中，名不见经传的日本选手山田本一出人意料地夺得了世界冠军。当记者问他凭什么取得如此惊人的成绩时，他说了这么一句话："凭智慧战胜对手。"

当时许多人都认为这个偶然跑到前面的矮个子选手是在故弄玄虚。马拉松赛是体力和耐力的运动，只要身体素质好又有耐性就有望夺冠，爆发力和速度都还在其次，说用智慧取胜确实有点勉强。

两年后，意大利国际马拉松邀请赛在意大利北部城市米兰举行，山田本一代表日本参加比赛。这一次，他又获得了世界冠军。记者再次请他谈谈经验。

山田本一性情木讷，不善言谈，回答的仍是上次那句话："凭智慧战胜对手。"这次记者在报纸上没再挖苦他，但对他所谓的智慧迷惑不解。

10 年后，这个谜终于被解开了，他在自传中是这么说的："每次比赛之前，我都要乘车把比赛的线路仔细地看一遍，并把沿途比较醒目的标志画下来，比如第一个标志是银行；第二个标志是一棵大树；第三个标志是一座红房子……这样一直画到赛程的终点。比赛开始后，我就以百米的速度奋力地向第一个目标冲去，等到达第一个目标后，我又以同样的速度向第二个目标冲去。40多公里的赛程，就被我分解成这么几个小目标轻松地跑完了。起初，我并不懂这样的道理，我把我的目标定在40多公里外终点线上的那面旗帜上，结果我跑到十几公里就疲惫不堪了，我被前面那段遥远的路程给吓倒了。"

【感悟箴言】

我们应该使自己的心神集中在想做的事情上。当内心浮现出明确的目标时，就是自己开始产生信心的时刻。当培养出信心时，就能够召唤出无穷智慧来帮助自己，实现自己的明确目标。只有善于运用细分目标的智慧，加上坚忍不屈的行动和正确的方向，才能获得成功。

向目标奔跑

威尔逊在创业之初，全部家当只有一台分期付款赊来的爆米花机，价值50美元。第二次世界大战结束后，威尔逊做生意赚了点钱，便决定从事地皮生意。如果说这是威尔逊的成功目标，那么，这一目标的确定，就是基于他对自己的市场需求预测充满信心。

当时，在美国从事地皮生意的人并不多，因为战后人们一般都比较穷，买地皮修房子、建商店、盖厂房的人很少，地皮的价格也很低。当亲朋好友听说威尔逊要做地皮生意时，异口同声地反对。

而威尔逊却坚持己见，他认为反对他的人目光短浅。在他看来虽然连年的战争使美国的经济很不景气，但美国是战胜国，它的经济会很快进入大发展时期。到那时买地皮的人一定会增多，地皮的价格会暴涨。

于是，威尔逊用手头的全部资金再加一部分贷款在市郊买下很大的一片荒地。这片土地由于地势低洼，不适宜耕种，所以很少有人问津。可是威尔逊亲自观察了以后，还是决定买下了这片荒地。他的预测是，美国经济会很快繁荣，城市人口会日益增多，市区将会不断扩大，必然向郊区延伸。在不远的将来，这片土地一定会变成黄金地段。

后来的事实正如威尔逊所料。不出三年，城市人口剧增，市区迅速发展，大马路一直修到威尔逊买的土地的边上。这时，人们才发现，这片土地周围风景宜人，是人们夏日避暑的好地方。于是，这片土地价格倍增，许多商人竞相出高价购买，但威尔逊不为眼前的利益所惑，他还有更长远的打算。后来，威尔逊在自己这片土地上盖起了一座汽车旅馆，命名为"假日旅馆"。由于它的地理位置好，舒适方便，开业后，顾客盈门，生意非常兴隆。从此以后，威尔逊的生意越做越大，他的假日旅馆逐步遍及世界各地。

【感悟箴言】

目光远大、目标明确的人往往非常自信，而自信与人生的成败息息相关。每个人都有自己的优越感目标，它具有独特性，取决于他赋予生活的意义。这种意义不只是口头上说说而已，而是建立在他的生活风格之中。优越感的目标就像生活的意义一样，是在不断的探索中确定下来的。事业做得最好无疑是优越感目标之一，其本身体现着人生的自信。

参照的坐标

在宾夕法尼亚的山村里，曾有一位出身卑微的马夫，他后来成为了美国著名的企业家。他那惊人的魄力、独到的思想，为世人所钦佩，他就是查理·斯瓦布先生。当时恐怕任何人也料不到他会有后来的成就！他的一生就像波澜壮阔的大海，我们从他的成功史中，可以看出行动的伟大价值。

他小时候的生活环境非常贫苦，只受过短短几年教育。从15岁起，他孤身一人在宾夕法尼亚的一个山村里赶马车谋求生路。

两年之后，他才谋得另外一个工作，每周只有 2.5 美元的报酬。在这期间他努力学习技术，力求把每一件事情都做到位，而且不犯一些低级的错误。没多久他就成为卡耐基钢铁公司的一名技术工人。虽然当时他的日薪只有一美元，但做了没多久，就升任技师，接着升任总工程师。过了五年，他便兼任卡耐基钢铁公司的总经理。到了39岁，他一跃升为全美钢铁公司的总经理。

他由弱而强的秘诀是：他每得到一个位置时，从不把月薪的多少放在心里，他最注意的是自己是否适合这个工作。

当他在钢铁公司还是一名微不足道的工人时，他就暗暗下定决心："我不去计较薪水，我要拼命工作，我要使我的工作价值，远远超乎我的薪水之上，那就是实现我自身的价值。"

他每获得一个位置时，总以同事中最优秀者作为目标。他从未像一般人那样不切实际，想入非非。那些人常常不愿使自己受规则的约束，常常对公司的待遇感到不满，做白日梦等待机会从天而降。他深知一个人只要选择了适合自己的职业，不论现在处于什么样的位置，都必然会成功。

【感悟箴言】

作家马克·吐温说："每个人的一生中，幸运女神都来敲过门。可是，许多人竟然跑到邻居家里而没有听见。"在人生的旅途中，期待着意外的好运，犹如守株待兔，是一个没有保障的尝试。

拥有坚持不懈的意志

这世界只为两种人开辟大路：一种是意志坚定的人，另一种是不畏惧险阻的人。的确，一个意志坚定的人，是不会畏惧艰难的。尽管前面有阻止他前进的障碍物，他仍不会有丝毫的退却，他会想办法排除障碍，然后继续前进。跌倒也好，前路迷茫也好，只要他做好了准备，没有什么能阻止他前进。

信念的收获

一般人都认为，奇迹只有对某些特定的人才会出现，其实不然。事实上每个人都可能创造奇迹，既然如此，那么发生在别人身上的奇迹，当然也可以发生在自己身上了。当然，那也一定要成为那个状态才行。

像这样说来，虽然每个人都可以发生奇迹，可是也并不是每个人在一开始就会发生奇迹。

唯有抱着信念努力时，奇迹才会提早出现。

最初树立信念必须要在心中造成它的模型才行。所谓的模型就是，像"想要当医生"或"想当学者"这样去渴望的意思。同时要不断地把强烈的渴望念出来，由于这样反复地想念，才能按照心里模型所想的东西去实现。

人生当中有很多不良现象都是自己下意识或无意识中所造出来的，这从佛教上来说，叫作"假相"，假相就是和真相相反的意思。例如：目前看起来似乎非常不幸的事情，并非来自真相，而是来自假相。也就是因为自己过去不良的意念，造成现在的不良情况，所以，只要能把不良的意念除去，人生就会有所变化了。

除去了假相，而想从真相中接收到更多真相的力量，就必须了解真相的真理才行，这叫作"领悟"。当然，任何人都不可能一下子就能领悟，所以就必须要慢慢地去领悟。同时，不只光领悟而已，还要配合着反复要起念，领悟的效果才会慢慢出现，然后新的前途才会被打开。

一方面维持强烈的信念，另一方面再继续努力下去，我们所说的奇迹就会出现，问题只是在于时间的早晚而已。

【感悟箴言】

信念是一种动力，信念是一种希望，信念是成功的桥梁。正是因为有了信念，才使青春添加了几幅亮丽的景点，才使大地孕育了春意盎然的春天，才使平凡的人生多了几分精彩，才使跳动的心多了几分活跃的氛围。

抓住机遇

要谈谈这"转变命运的相遇"。不到二十岁的人中，遇到过转变命运的体验的人，恐怕不多吧，或许完全没有。当年过三十、四十、五十岁，随着年龄的增长，回想看看，便可以断言，人生中总有几个转折点，这些转折点上，一定会有影响自己命运的人出现，而改变自己的走向，或在歧路上犹豫不决，在无法决定到底应该向左或者向右前进之时，一定会有人出现，冥冥之中指引你的航向。

实际上，与此人相遇之后，而使人之命运得到改变的事例是很多的。当然最好的事情，是能够遇见使自己命运好转的人，但是，相反的事情也是可能的。由于与某人相遇使自己的命运转坏也是有的，上当受骗的事情也会有；接受学校老师的指导，原封不动地去实施，却遇到失败的人也会有。尽管会有这类事情，然而此外谈及的内容是正面的。

为了取得人生的胜利，与能够引导人走向幸运和幸福的人相遇实在是太重要了。

中国有"贵人"之说，即是一种在人生中出现"值得尊敬之人"的思想。打招呼时，有这样的客套话："最近，遇到过贵人没有？"这是为什么呢？所谓的贵人，大致都是身份比自己高或学识渊博者、德高望重者，有钱人等，这样的贵人，都能够促使我们向上提高。

说"有没有与这样的人相遇？"与"心情怎么样？""最近如何？"一样，有同样的意思。实际上这很重要。虽然我们将个人努力、勤勉当作基本原则，强调其重要性，但是，个人的努力、勤勉像爬楼梯一样，虽是脚踏实地的努力，而所谓这种贵人、值得尊敬的人的出现，就相当于乘上电梯。

这样的事情，在人生中总会有几次。因为乘上了电梯，所以会一下子达到与以前完全不同的世界。换句话说，就是有能够开拓人们命运的人的存在，是不是有人因与这样的人相遇而有完全的转变呢？的确是有的。

在人生的转折点上，虽然不知对方是否当真或经过深思之后才说的话，却会形成今后的重要方针，即使此人也许已经忘记曾说过什么，但这样的事确实是有的。像这样的人在某个时刻，会成为掌握你命运的人。

此时接受这种建议，认真地去把握方向前进，是很重要的。而这样的人在什么时候才会出现呢？因人而异。尽管不明白具体时间，但是遇见这样引导自己的人时，一定要重视，不能忽略。这样的贵人，定会出现。

由于遇到了贵人，人生便会顿然放射出光芒，出现闪耀。不管是什么人，在人生中都会有这样的瞬间。如果有的人说自己没有，那其实只是忘记了，或者是不懂恩德，或者是感觉迟钝吧。但若要认真回想，是能回忆起来的。在此有真正飞跃的关键和机会，只要用心去与这样的人相遇，相遇率便会提高。

因此，岁月流淌，今年是不是还会得到能够开拓自己命运的人的建议和指导呢？如果这样等待，这样的人就会出现。更明确地说，将人们引向光明的人是会出现的。这时的条件是什么呢？这就是去期待，要有盼望遇贵人的一种期待。

这样的期待有何结果呢？实际上，自己的"潜意识"会开始工作。有期待时，"潜意识"会开始为你考虑："其志望可嘉，设法使他与能够开拓前途的人相见吧。"

这种转变命运的相遇，有直接的，也有在自己不知道的地方默默相助的。不管是哪一种情况，总是会出现的。

人都必定在得到别人关心时，各种角度的关注会随之而来。有很多人在考虑到某个对象时，会总想为他做些什么。在此，这样的人怎样才会出现呢？重要的是要一心一意地去追求。

要意识到在世上还有很多比自己身份高的人，遇到这样的人时，要保持谦虚之心，绝不能浪费与这种人相遇的机会，认为遇到了"幸福的女神"，就不会错过这机会，要珍惜这机会，把它变成使自己成长的良机。

这种转变命运的相遇，是人生中的花朵，希望每人都要重视这真正闪耀的瞬间。在这样的时刻，人将是重大的命运转换期。由于各种人的引导，人生会改变。如果认为这仅是自己的力量，那才真是天大的误会呢。靠自己个人的力量是不行的，不要忘记这谦虚、顺从之心。大家也许认为在"人生与胜利"这个题目上，可能会多讲一些独立自主等，但是，上述则是获得意外胜利的真正道路。所谓机会，是会有很多人送来的，也的确如此。当很多人想去扶助他人成功之时，想不成功，也是非常困难的。

但是，当有许多人努力来阻碍你成功时，想成功也是难上加难，如实地说这需要巨大的努力。假使得到他人的帮助和援助，便要顺水推舟，轻而易举地取得成功。

所以，不能单靠自己的力量，能得到众人的帮助才易成功。此点尤为重要。

当你到达一个较高境地，如果说没努力那是撒谎，然而尽管自己做过一些努力，但也还是因为得到许多人的协助。

为了获得命运的转变，第一，首先要真心诚意地去追求和期待。第二，要谦虚地持有顺从之心。第三，必须怀有感谢之心。

这样去做，命运就会转变，便会放出真正的光芒。

【感悟箴言】

所谓"机遇"和"贵人"，就是在适当的时候出现适当的人、事、物的组合。我们无法控制这种完美的巧合何时出现，唯一能做的，就是通过自己控制的人脉来给自己创造更多的可能。

人际网好比一条八脚章鱼，每一天，八脚章鱼们都在不停地集合、交错着，只是我们常常不自知、不在意，常常和贵人擦身而过！不要太看重人脉关系中的显贵，而忽视了其他更多的普通人。在适当的时候，任何一个普通人都有可能扭转乾坤，成为你的大贵人！

成功无界定

戴高乐是 20 世纪法国最著名的政治家，他在 1958 年成为法国的总统，重建当时已逐渐衰退的法国政府。他在任职的十年间，把法国塑造成为一流国家，不愧是真正解救法国的英雄。

但这位法国大总统——戴高乐，在小的时候，曾经有一次从断崖上跌落，他的父亲着实吓了一跳，问他说："要不要紧？"戴高乐面无惧色地回答说："不要紧。因为我将来还要成为解救法国的英雄，不会被这一点小事阻挠的。"

从少年时代，就坚定地下了决心——"我将来一定要做一番事业给你们看"，长大后一定会把那些工作完成的。当然最基本的条件，就是要有坚定的信念。

也许你会这样反驳："这必须要有先天优秀的素质才行。"同时，也可能会说："少年时代每个人都会这么说，可是过了立志的年龄，或许就会忘得一干二净了。"

但是，这两种说法都是错误的。因为努力这件事，并不只限于在青年或少年才可以做的。而且在努力之前，应该是没有什么"先天的素质"的问题存在才是。各位可能都听说过"丘吉尔过去曾经是数学的劣等生"这句话。你也可能在你的公司的任何一个部门，听到这样的话："A 先生是重点大学毕业，脑筋很好，可是并不努力；但是 B 先生虽然只是普通高校毕业，做起事来却相当卖力，十分难得。"

年龄在这个时候，应该也是不成问题的。就拿在江户时代后期，走遍日本全国并加以测量，终于完成了日本地图的伊能忠敬先生为例。

这位伊能先生从小就很爱读书，可是因为家境贫穷无法上学念书。在很偶然的机会里，被伊能家收养为义子。为了重建衰微的伊能家，青年时代吃了相当多的苦，到了三十多岁时，好不容易使伊能家的生意步入轨道，后来大家都认为他的责任感很强，推荐他为村长。这时候他仍无法静下来读书，因为他的村子，每年都会有两次洪水的泛滥，遇到饥荒时，必须把准备的存粮，公平地分给村民们才行。

到了五十一岁，决心要隐居起来时，他好不容易才找到了读书的机会，就去拜比他小十五岁的高桥至时为老师。经过了五年的苦读，收到当时幕府的命令，到北海道去测量，然后又到全国各地方巡视观测，终于完成了日本全国的地图。

结论是很明显的，即使是过了退休年龄之后，仍不嫌迟，只要认真立志去努力的话，任何人都可以得到相当的成就。而人生的意义，即是在于一面和恶劣的环境搏斗，一面将自己的理想实现。年龄又怎能阻止一个有心人的上进呢？

"凡祈求的，必有所得；寻找的，必有所见；叩门的，必给他开门，因为凡祈求的，一定得着；寻找的，必有发现；叩门的，必有人给他开门。"

这是《新约圣经》中所引用出来的一段福音，这段话也就是在告诉我们："热心地去求，成功必定会给予你的。"我国的俗话中，也可以经常听到："辛勤的工作，必定有丰富的收获。"《圣经》上的道理，不只限于适合在基督教教徒的身上，事实上连任何宗教都不懂的人，也可以适用这项不变的真理。而前面所提到的伊能忠敬到底又是哪一种宗教的信徒呢？

就拿一位 A 先生来说，他只有小学毕业，同时家境又不好，年轻时不知吃了多少的苦，可是现在却是一位令人羡慕的中坚企业的创业董事长。在他成功的背后，究竟可以看到什么宗教的影子呢？

老实说，不论是那位董事长，在他们的身上都可以看到宗教信仰的影子。然而，他们所信仰的宗教并不是指佛教、基督教、回教之类的，而是相信一种"希望一定会达成"的宗教。古往今来，历史上、社会上的每一位成功者，全都是属于这种宗教的信徒。另有一种和这种信仰相反的"反正教"的信徒，注定是要度过空虚没有意义的人生。可是"必定教"的教徒，却是连"鬼神也要让他三分"的，所以当然会成功的道理，也就是在于此。

"必定教"的信徒，在遭遇到困境的时候，会认为那是一种试练；而在顺境的情况下，仍然会想到"我还要再更加努力，因为我现在已有这样的成果，不前进便是退后"。这些听起来好像很容易，做起来可不简单，一个人是否"必定教"的信徒，就看他在这方面的表现了。可是在遇到逆境的时候，大多数的人很容易半途而废，成为"反正教"的信徒了。一旦成为"反正教"的信徒时，所有的"顺利"都会离开你，同时任何奇迹也不会发生。

一家颇具规模的出版社在招聘编辑人员时，前往应聘的人非常多，录取率却是应聘人数的百分之一而已。有一位普通大学毕业的A君也前去应聘，可是在笔试的时候就被淘汰了，他的希望也就被从此切断了。普通人到了这个地步，应该会死心才是，因为没有人有太多的时间，等这家出版社再一次举行征试了，即使假定明年会再举行一次，谁也不能保证一定会录取。

但是，A君就与他人不同，他并不是"反正教"的信徒。他想尽了所有的办法，想试试看是否还有其他的方式，可以进入这家出版社工作。有一天，他终于看到一所职业训练中心的介绍。听说那所训练中心有一位著名的B先生，每个礼拜都会到这训练中心来讲课。而这位B先生就是A君所一直向往的那家出版社的顾问。当时，A君毫不迟疑地报名进入那所训练中心，并且每次都坐在最前面，专心地听B先生讲课，并且不时地提出问题。自然而然地，B先生对A君也就特别留意起来。

但是，通常一般的补习班或训练中心，老师和学生的交谊，始终只能在规定的时间内，讨论相关的主题而已。可是 A 君并没有半途而废，他仍是一直在寻找有没有可以和老师单独在一起的其他机会。

终于有一天，让 A 君等到了一个千载难逢的好机会。那就是，有一天，一位经常负责接送这位老师的干事，因为患了贫血症而不能前来。A 君认为这是一个大好机会，可以顺便送老师回去。因为这个缘故，以后两个人就有机会常常互相往来拜访。久而久之，终于到达"就业商量"的地步了。也就是说，A 君以兼职的性质，如愿地进入那家出版社了。

这是"必定教"的信徒成功的一个例子。"必定教"的坚定的信仰力量，是可以使人产生勇敢和智慧来，而这三者则是到达成功的要素，缺一不可。

【感悟箴言】

老子让人们知道，人最容易忽略的，是因为想早早出名，想脱颖而出，想及早地成功，人的毛病就出在这儿，所以你千万不要着急，千万不要拔苗助长，而应该顺其自然地水到渠成。在今天这个时代当中，年轻人应该有一个"大器早成"的理念，但还要用"大器晚成"来矫正自己，那才是聪明的。

人生的考试

凡是所谓的成功者，都相信自己具有无限潜力，并且积极寻求发现自我潜能的机会，在他们看来，人生是个"考验"实力的游戏。

一位青年驾驶游艇横渡太平洋，这件事，不但他以前没有做过，而且也从未有人做过，如果他不信仰"自己也未知的能力"，怎么会有那么大的决心去做呢？因为他有信仰，所以字典上没有"不能"二字。历来，无数人创造了各种运动的新纪录，这些纪录都只能产生自对于未知能力的热情。人类的根本问题并不在于"有多大才能"，而是"能发掘多少才能"，所谓自己的能力就是这种能够引出能力来的"能力",你不需要做个才能的拥有者,只要做个发现者即可。

至此,相信你已了解"自信"的真正意义。

世人经常搬弄"没信心"或"有自信"之类的字眼,此时所谓的"信心"或"自信"大多是透过你我的比较而产生的,所谓"相信自己"就是信赖身为大自然之一部分的自己,这才是绝对的自信。

如此说来,只要是个真正自尊心的拥有者,就是真正自信的拥有者,这种自尊和自信的拥有者,同时也是我们所说的绝对成功者。

毫无例外,所有成功者都是拥有真正自信的人,不!我们应该进一步说,唯有这种自信才是成功的引擎。

所有的成功者都是乐天派,他们只管努力,而将结果交给天地的力量去决定,所以这种人当然是乐天派。同时你一定也了解为什么所有的成功者都那么谦虚,因为他们不把能力当作是自己的所有物,当然不会有傲慢的态度。自信和自满的分别也很简单,自命不凡者都错以为能力是私有物,并用此自夸,所以反而因此限制了自己的潜能。

也许读者朋友中,也常常有人说出"没有自信"等等之类的话,其实在人类的字典中,本来是没有这一句话的。因为这种话毫无意义。自信不但是人类的义务,也是一个人应有的最基本的人生态度。如果有人说:"我不行——我很羡慕那些充满自信的人!"这样的家伙还活着有什么意义呢?因为他从根本上否定了自然与人的能量源。高里奇曾说:"所谓财富就是相信自己及自己的力量。"

【感悟箴言】

一个人要是没有坚决的决心和力量,还能做什么事呢?如果他只有表面的自信,却没有一点主见,那还有谁能再信任他呢?尽管他可能是一个好人,但是,每当有重大事情发生,或者正当危急的时候,也不会有人想去请教他。因此,凡是缺少决断力,没有确切决定的人，往往失败的时候多，成功的机会少。

我们只有认准了方向，意志坚定地行动起来，才能一步步向你的理想靠近。如果在这个过程中，有人对你指手画脚，千万不要理会，一定要相信自己的能力，坚定自己的立场，事实会证明你是对的！

优败劣胜观

想要学习思考的方法，首先必须要做到的是，抱着梦和希望来培养耐苦的能力。像这种冠冕堂皇的口号，我们可以说是从小学时期开始一直听到现在。但对一个认为社会并不是这么简单的人来说，他可能早就把一切自己可能达到的希望与梦都抛弃了。

1805 年，安徒生出生在丹麦乡村的皮鞋匠的家庭。由于家境非常贫穷，而且父亲在他很小的时候就去世了，所以他一直过着现在人所无法想象的艰苦生活。他连小学也没有念，身体也非常清瘦。这种人，到底是否还有其他的路可以走下去呢？安徒生首先梦想要成为一个歌星，当然，他没有如愿以偿，接着，他又想要当明星，可是社会并不是那么单纯的，他的努力又白费了。安徒生仍然不死心，他又向各方面挑战，可是结果都不是很顺利。最后他想来想去认为有着艰难环境为背景的童话，一定可以打动人心，所以他决心写童话。

当然，幸运之神并没有很快地眷顾他，一开始时也没有人理会他。因为他连小学都没有念过，所以他的文章，到处充满了错别字。可是他并不因此而气馁，也不退缩，他仍继续努力不断地写。终于慢慢地，他的作品的价值获得了肯定。因为他亲自领教过辛苦的煎熬，所以才能够写出吸引人的童话来，他的努力可以说没有白费。

例如，有名的童话故事《丑小鸭》，其实也是他自己忍辱奋斗的自白书。在鸭子同伴中长大的小白天鹅，生来就和其他的孩子不同，所以它被称为"丑小鸭"，不仅让同伴们看不起，同时还受到他们的各种虐待、奚落，结果因为忍耐不了而一度飞离同伴们。可是寂寞的丑小鸭，虽然脱离了昔日同伴的阴影，可是仍然到处受到欺负。

但随着身体的长大，翅膀也结实多了，它才渐渐地敢到处自由地飞翔。某一个春天的下午，它看到池塘边有一群漂亮的天鹅在那里嬉戏、喝水，它很想认识这一群有着漂亮衣裳的朋友，于是它再一次鼓足了勇气，飞了过去，这群天鹅非常欢迎它的参加。这时，丑小鸭才知道原来自己是天鹅。丑小鸭小的时候，虽然是属于优秀的天鹅族的孩子，却反而受到平庸的鸭子们的误会，而被愚弄、被欺负。可是，一到长大后发现自己原是美丽鸟族中的一分子，从此就过着美满、快乐、幸福的日子了。

这个故事，虽然只是一个"童话"，可是我们不能仅以单纯的童话来看。它告诉我们，困境只是一时的，而成功的甜果是属于那忍耐艰苦最久的人。

【感悟箴言】

丑小鸭历经千辛万苦、重重磨难之后变成了白天鹅，那是因为她心中有着梦想，梦想支撑着她。命运其实没有轨迹。关键在于对美好境界、美好理想的追求。人生中的挫折和痛苦是不可避免的，要学会把它们踩在脚下，每个人都会有一份属于自己的梦想，只要我们学会树立生活目标，在自信、自强、自立中成长，通过拼搏我们会真正地认识到自己原来可以变成"白天鹅"，也可以像丑小鸭一样实现心中的梦想。

逆境中再生

如果一个人从来也没有走投无路的经验，对他应给予同情，这种人实在很不幸，因为没有被逼到走投无路的机会，就没有发挥出自己所有的能力之可能。

一个人初出茅庐时，若是手边有些余钱，不必急着找工作混饭吃的话，那么情况将会如何呢？很可能会目空一切，结果，必定停留在市井小人的阶段，终日碌碌而无所收获。

知识分子中，有不少人拿起英文书报时可以读得很自在，但若叫他们去跟洋人说几句话时，他们马上变得踌躇不前，并且搬出一番大道理，说英国式的英文如何如何，美国式的英文又如何……这种自我意识过胜的人，最好把他们都丢进"如果不说英文，就寸步不得动弹"的国度里，相信不用一个月，他们的日常会话就会非常流利了。因为当他非说不可时，他就不得不说出来。

【感悟箴言】

一帆风顺固然令人羡慕，但逆水行舟更令人钦佩。

也许我们会遇到种种困难，也许我们会遇到种种不如意，也许我们会遇到种种失败，但我们的意志永远不会垮，因为我们的血液里早已注入了顽强的精神，我们的智慧也不会停滞，因为我们会在逆境中思索与探求……

更上一层楼

以下必须要谈的是，会有近八成的人在成功之后却转向失败的类型。就像攀高山，在距离山顶不远的地方却会掉下山而前功尽弃，在一定程度上能够进步，而在关键之时却丢失了胜机。大家可以想一想，是不是有过这样的事情呢？有不少人，在还剩下一点点路程就要成功之际，却翻身落马。不渡过这样的难关就不可能取得胜利，也就不会常胜。

希望这种人好好思考一下，自己的内心是否害怕成功？是否想起成功便会胆怯？由于胆怯，便开始在即将成功之际播下失败之种。因为，百分之百得到成功，可能会有自我不相称之感产生。

于是在即将成功之际会发生问题，遭遇失败。这实际上是真正的意念力量作用引起。譬如女性，希望先生能晋级收入增多，而先生在被任命为董事之际，这位夫人很可能会做出有损其先生名誉之事，或者在公司的宿舍中有流言蜚语。这是为什么呢？虽然希望自己的先生能当董事，但内心深处同时又害怕自己成为这重要人物的夫人是否相称，担心会不会由于这不相称而痛苦，于是，便无意识地去做阻挠之事，这种事情屡见不鲜。

这实际是意味着，这些人不曾有充分的成功感觉，是过去没有成功经验的人，在大成功来到之时就会觉得恐惧，便欲逃脱，担心失败。

此时自己要这样考虑，面前的目标山峰，不是最高的山峰，只是与下一座更大的山峰相连的山丘，或者只是休息的场所，只是山岭上的茶房。在将到达前面的目的地之时，务必要养成思考下一步的习惯，在更高阶段树立起目标，提醒自己前面还有一座山峰。养成这样的习惯是很重要的。这样做的人是绝不会失败的，即使有短期的挫折，也绝不会有长期的失败。

【感悟箴言】

人生没有目标，就好像被蒙住了眼睛，就好像被掳去了灵魂。在晨曦之际，常问自己"干什么去?"，却茫然无措，在冥色四合之时扪心自问"干了什么"而囊中空空，难道不觉得光阴虚度，糟蹋生命吗? 许多的日子糊里糊涂地过去了，是因为我们没有在每个日子里插一个目标。彷徨与徘徊，是宝贵生命的无端荒废；无所事事，是生命的零状态、负状态，是人生庸碌与萎靡的根源。

在欲望中努力

人的一生会因为个人的意志或热情以及心情如何，而有很多不同的变化。所以许多从理性来看认为不可能的事，在实际上成为可能的情形很多。

所以想要在人生中获得成功，最好不要全靠理性去做判断，应该相信自己的意志力量，也要相信看不见的真理的存在及其作用。

虽然要你相信看不见的真理，不过想一下子了解是不大可能的。也许短时间内可以了解表面的一些事，却无法深入地去了解。因为了解不深，就无法深切地接受其作用，所以效果比较小。

因此如果只能了解表面的事，为了想成功，就应该注意下面的态度：首先应该拥有强烈的欲望，有了欲望还要不断地设想、不断地努力，也就是用强烈的欲望尽量去设想，做更多的努力，这时候你的人生才可能有意外的发展，说不定对你当初没考虑到的方面也会有所发展。

这期间也许会碰到意想不到的困难，或许也会有意想不到的幸运来临。像这样，好的和坏的事都会意外地发展下去，意想不到的障碍和幸运及展望也同样地在发展。同时信念开始萌芽时，欲望和信念会加在一起而产生奇迹，这奇迹也就是你通往成功之路。

【感悟箴言】

一个人的求生欲望往往是出于人的一种本能，但对知识的获取、对事业的成功的欲望是后天培养的，如果一个人缺少了对知识的渴求，对事业的执着追求，就会缺少动力，就会缺少坚韧不拔的毅力，就很难获得成功。

精诚所至

人生中能一切都顺利的事很少，总会有各式各样的横逆或差错，而不顺利的事总是比较多的。虽然会有许多不顺利，我们也不可因此灰心，仍要经常抱着诚意，总有一天，这种诚意会改变境况。

所以，一些以常人眼光看来应该顺利的事，在开始时不顺利反而比较好，当然最重要的还是必须彻首彻尾都以诚意来处事。也就是不管任何事，自始至终都要不失诚意才行。

不要说："我做不到，能够做到这个地步就已经很好了，我已经尽了力了。"应该说："我做到这个地步是不够的，再怎么做也还是不够。"专心不懈地努力下去，所努力过的历程，一定会有好的结果产生。

人的一生是缓慢而渐进地进行着，日复一日反复地努力，或者一点一点地努力积蓄下来，才会成为一个结果的。那种努力的累积虽然很辛苦，可是千万不可因此丧志灰心。应该做的事还是要做下去，如此不断地累积下去，才会有好的结果。

刚从乡下来到都市的人，开始时对他们自己不入时的服装和语言都有一点自卑的感觉，而不敢放心地去做任何事。城市的人也把乡下来的人称为"乡巴佬"而轻视他们，更增加他们的自卑，有的人甚至为此而变得神经衰弱。

但是人的价值并不在于外貌，也并非以善于言谈或懂得礼节、姿态就可以下决定的。花言巧语不如朴素且诚实的人富有人性的魅力。要看一个人是否拥有诚意来做事，才真正可以决定这一个人的价值。

【感悟箴言】

古往今来，国内国外，那些但凡在事业上取得骄人成就的文坛泰斗、体坛名将、商场精英……无一不是"精诚所至，金石为开"的结果。你有了辛勤的劳动，就会有丰硕的收获。

绝处逢生

生命丢给我们一个问题，同时也给我们解决问题的能力，就看我们是否善加运用。

一位经营农场的农场主，家人的生活只能达到温饱。他的身体强健，工作认真勤勉，从来不敢妄想财富。突然，他瘫痪了，躺在床上动弹不得。亲友认为他这辈子完了，事实却不然。

他的身体瘫痪，意志却丝毫不受影响，依然可以思考和计划。他决定要让自己活得充满希望、乐观、开朗，做一个有用的人，继续养家糊口，不要成为家人的负担。

他把自己的构想告诉家人："我的双手不能工作了，我要开始用大脑工作，由你们代替我的双手。我们的农场全部改种玉米，用收成的玉米养猪，趁着乳猪肉质鲜嫩的时候灌成香肠出售，一定会很畅销！"乳猪香肠果然一炮而红，成为家喻户晓的美食。

每个人都会遇到困难，这时需要激励自己。牢记这句话："一个人只要对自己的信念坚定不移，就没有做不到的事情。"默诵数次，将给你更大的勇气，追求更高更远的目标。

一位农家子弟，他一向体弱多病。就读文法学校时，一位热心的老师经常鼓励他："我敢打赌，你是全校最健康的孩子。"

"我敢打赌"成为他终其一生的座右铭。

他不但变成全校最健康的孩子，八十五岁高龄去世之前，他帮助成千上万的孩子恢复健康，并且培养高尚的人格、冒险的勇气及谦卑的心灵。在他漫长的职业生涯中，从来不曾请过一天病假。

"我敢打赌"激励他跻身全美最大的企业，成立以基督教义陶冶青少年情操的美国少年基金会，并且写成《我敢打赌》一书，迄今仍然鼓舞无数的读者去创造更美好的世界。

这个故事，印证了座右铭对一个人的激励效果。是否时常把自己的失败，归咎于世界的不公平？不妨停下来想一想这是全世界的问题，或是你自己的问题？努力学习成功的法则，牢记在心，随时应用，你的世界将会全然改观。

【感悟箴言】

《易经》中有这样一句话："天行健，君子以自强不息。"

自强不息，意味着一种开拓创新的精神，要不断地有新的追求，不断地汲取新的知识和技能，不断地有新的成就。人的一生，只有不断地追求新的创造、新的发展，才能获得新的进步，也只有这种新的追求中，人的生活才能更有意义，才能感受到人生的幸福和快乐。

自强不息是一种积极的人生态度，也是一种人生追求和人生境界，是对人生意义的一种深刻认识和理解。一个人只有对生活充满热情和信心，才能始终如一地坚持这种"生命不息，奋斗不止"的精神。

不妄自菲薄

自己认为自己无能的话，就真的会一直保持无能的现状而结束一生，不去打破自己所造成无能的墙壁，就永远会是无能。因为心里播下了"自己是无能"的坏种子，其结果是大脑只能接收到自己无能的信号。因此要尽量从自己潜在意识里除去"无能"这两个字，把自己从无能的桎梏中解放出来，也就是不要认为自己无能，要拼命地努力，才能通往成功之路。

九岁就开始当学徒，后来建立起松下集团的松下幸之助在《开路》一书中说："不停地走，一定就会发现新路。"这些是从他的人生经验中产生出来的话。可见不管任何事，只要能继续做下去，一定会有新的路被打开，或者把不可能的事变为可能。

马拉松比赛时也是一样，如果看到自己要跑的路还很长，就会感到累。而当跑步的勇气无法涌出时，就会感到绝望。工作时也相同，工作量越多，斗志就容易被压倒，而会先感到绝望。这都是因为从理性来做思考判断，所以才会感到绝望。

有些人因为公司薪水低，就认为不管服务十年或二十年，也不可能有能力去建立自己的家甚至可能连结婚都办不到。这么想的人，也一样会感到绝望的。

如果一味地以此种心理来做判断的话，不可能的事永远都是不可能。但是人生并不只是按照理性来进行而已，薪水少的人，照样可以结婚，也可以拥有自己的家。

【感悟箴言】

心中有路，脚下便有路。人生有许多的沟沟坎坎要过，也会走到山穷水尽的地步。只要心中有路，就没有跨不过的沟沟坎坎，就没有走不通的山山水水。

充分认识自我

　　无论什么时候，人都是自己的主人，能够支配自己的思想和肉体。即使在沉沦堕落的时候，在内心深处，仍然有一丝"顽强向上"的意识。一旦有朝一日他醒悟过来，便会全面、理智地分析自己，把自己重新定位。这时候，他就是命运的主人。所以，只有认识自己，才能在性格、习惯、志向的指引下获取更大的成功。

找到你的北斗星

　　比塞尔是西撒哈拉沙漠中的一颗明珠，每年有数以万计的旅游者来到这儿。可是在肯·莱文发现它之前，这里还是一个封闭而落后的地方。这儿的人没有一个走出过大漠，据说不是他们不愿离开这块贫瘠的土地，而是尝试过很多次都没有走出去。

　　肯·莱文当然不相信这种说法。他用手语向这儿的人问原因，结果每个人的回答都一样：从这儿无论向哪个方向走，最后都还是转回出发的地方。为了证实这种说法，他做了一次试验，让一个村民从比塞尔村向北走，结果三天半就走了回来。

　　比塞尔人为什么走不出来呢？肯·莱文非常纳闷，最后他只得雇一个比塞尔人，让他带路，看看到底是为什么？他们带了半个月的水，牵了两峰骆驼，肯·莱文收起指南针等现代设备，只拄一根木棍跟在后面。

　　十天过去了，他们走了大约八百英里的路程，第十一天的早晨，他们果然又回到了比塞尔。这一次肯·莱文终于明白了，比塞尔人之所以走不出大漠，是因为他们根本就不认识北斗星。

　　在一望无际的沙漠里，一个人如果凭着感觉往前走，他会走出许多大小不一的圆圈，最后的足迹十有八九是一把卷尺的形状。比塞尔村处在浩瀚的沙漠中间，方圆上千公里没有一点参照物，若不认识北斗星又没有指南针，想走出沙漠，确实是不可能的。

肯·莱文在离开比塞尔时，带了一位叫阿古特尔的青年，就是上次和他合作的人。他告诉这位汉子，只要你白天休息，夜晚朝着北面那颗星走，就能走出沙漠。阿古特尔照着去做，三天之后果然来到了大漠的边缘。阿古特尔因此成为比塞尔的开拓者，他的铜像被竖在小城的中央。铜像的底座上刻着一行字："新生活是从选定方向开始的。"

【感悟箴言】

如果你想改变现有的生活，一定要从选定方向开始，因为只有不盲目地向前迈步，才能够顺利地走出沙漠。在短暂的生命之旅中，盲目是人生最大的敌人，只有战胜了人生路上的这一劲敌，并以此作为一个基点，才能一路披荆斩棘，登上一个又一个人生的制高点。

造人的一生

有一天，上帝创造了三个人。

他问第一个人："到了人世间你准备怎样度过自己的一生？"第一个人想了想，回答说："我要充分利用生命去创造。"

上帝又问第二个人："到了人世间，你准备怎样度过你的一生？"第二个人想了想，回答说："我要充分利用生命去享受。"

上帝又问第三个人："到了人世间，你准备怎样度过你的一生？"第三个人想了想，回答说："我既要创造人生又要享受人生。"

上帝给第一个人打了50分，给第二个人打了50分，给第三个人打了100分，他认为第三个人才是最完美的人，他甚至决定多生产一些这样的人。

第一个人来到人世间，表现出了不平常的奉献感和拯救感。他为许许多多的人作出了许许多多的贡献。对自己帮助过的人，他从无所求。他为真理而奋斗，屡遭误解也毫无怨言。慢慢地，他成了德高望重的人，他的善行被人广为传颂，他的名字被人们默默敬仰。他离开人间，所有人都依依不舍，人们从四面八方赶来为他送行。直至若干年后，他还一直被人们深深怀念着。

第二个人来到人世间，表现出了不平常的占有欲和破坏欲。为了达到目的，他不择手段，甚至无恶不作。慢慢地，他拥有了无数的财富，生活奢华，一掷千金，妻妾成群。后来，他因作恶太多而得到了应有的惩罚。正义之剑把他驱逐出人间的时候，他得到的是鄙视和唾骂。若干年后，他还一直被人们深深痛恨着。

第三个人来到人世间，没有任何不平常的表现。他建立了自己的家庭，过着忙碌而充实的生活。若干年后，没有人记得他的生存。

人类先哲为第一个人打了 100 分，为第二个人打了 0 分，为第三个人打了 50 分。这个分数，才是他们的最终得分。

【感悟箴言】

上帝并不帮助他的臣民做出选择，他只提供给他们一种可能性。然而能够尝试与上帝的想法不一样的，只有人类。于是，我们成为了在这宇宙中唯一能够与上帝的智慧相抗衡的生物，只是因为我们偶尔改变了自己的思路。只有了解人类自身、不断自我发掘的人，在人生的道路中才能有所收获。

宝石与稻草

富商奥力姆和他的朋友玛迪，一起来到一座城市。

奥力姆对玛迪说："你知道吗？这座城市曾经救过我年轻的生命。那一年我从这里路过，突然急病发作，昏倒在路旁，是这座城市里最善良的人们把我背到医院，又是这座城市里最高明的医生为我治好了病。我不知道谁是我的救命恩人，因为他们都没有留下自己的姓名。后来我离开了这座城市，随着财富的增加，我越来越思念这座城市，越来越想报答我的救命恩人。"

"那么，你准备为这座城市做点什么呢？"

"把我最珍贵的三颗宝石，奉送给这里最善良的人们。"

他们在这座城市里住了下来。第二天，奥力姆就摆了一个小摊，上面摆着三颗闪闪发光的宝石。奥力姆还在摊位上写了一张告示："我愿将这三颗珍贵的宝石无偿送给善良的人们。"可是，过往的行人只是驻足观望了一会儿，然后又各走各的路去了。

整整一天过去了，三颗宝石无人问津。整整两天过去了，三颗宝石仍遭冷落。整整三天过去了，三颗宝石还是寂寞无主。奥力姆大惑不解。

玛迪笑了笑说："让我来做一个试验吧。"

于是，玛迪找来一根稻草，将它装在一个精美的玻璃盒里。盒中铺上红丝绒布，标签上写着："稻草一根，售价1万美元。"

此举一出，立刻产生轰动效应。人们争先恐后，前来询问稻草的非凡来历。玛迪说此稻草乃某国国王所赠，系王室家中传家之物，保佑着主人的荣华富贵。

结果，此稻草被人以8000美元买去。

三颗宝石依然在熠熠发光，而在人们眼中，只是把它们当作假货，当作哄小孩子的东西而已。

【感悟箴言】

我们没有资格去嘲笑那些买走稻草的人，更不能去看轻不屑宝石的人。因为在他们的定式思维中，价钱和物品的价值是呈正比相关的，只有打破这种定式，真理才会向人们露出笑容。

许多人在人生的选择中，不研究周围的环境，分不清哪个更重要，哪个更适合自己。他们都以为做每件事情都是一样的，把很多时间浪费在不重要的事情上。这样忙忙碌碌地干完一天，却没能解决什么实质性的问题。

啥也没得到

一个猎人带儿子去打猎，在林子里活捉了一只小山羊。儿子非常高兴，要求饲养这只小山羊，父亲答应了，将猎物交给儿子，要他先带回家去。

儿子挎着枪，牵着羊，沿着小河回家。中途，羊在喝水的时候忽然挣脱绳子，小猎人紧追急赶，还是没抓住，到手的猎物就这么跑走了。

小猎人既恼火又伤心，坐在河边一块大石头后哭泣，不知道如何向父亲交代，懊悔不已。

糊里糊涂等到傍晚，看见父亲沿河流走来了。小猎人站起来，告诉父亲失羊之事。父亲非常惊讶，问："那你就一直这么坐在大石头后面吗？"

小猎人赶忙为自己辩解："我没能追赶上它，也四处找了，没有踪影。"

父亲摇摇头，指着河岸泥地上一些凌乱的新鲜脚印："看，那是什么？"

小猎人仔细察看后，问："刚刚来过几只鹿吗？"

父亲点点头："就是！为了那只小山羊，你错过了整整一群鹿啊！"

【感悟箴言】

失去未必是一件坏事，只要调整好自己的心态，做好继续前进的准备，因祸得福的事时有发生。

在现实生活中，可能会经常遇到茫然困惑这样的问题，正如法国哲学家布莱斯·巴斯卡所说："人们最难懂得的，是应该把什么放在第一位。"对许多人来说，这句话不幸言中，他们完全不知道怎样把人生的任务和责任按重要性排列。他们以为工作本身就是满足已有成绩，但这其实是大谬不然。

新的开始

有一年，美国东部一所大学期终考试的最后一天，在教学楼的台阶上，一群工程学高年级的学生挤作一团，正在讨论几分钟后就要开始的考试，他们的脸上充满了自信。这是他们参加毕业典礼和工作之前的最后一次测验了。

一些人在谈论他们现在已经找到的工作，另一些人则谈论他们将会得到的工作。带着经过四年大学学习所获得的自信，他们感觉自己已经准备好了，并且能够征服整个世界。

他们知道，这场即将到来的测验将会很快结束。因为教授说过，他们可以带他们想带的任何书或笔记。要求只有一个，就是他们不能在测验的时候交头接耳。

他们兴高采烈地冲进教室。教授把试卷分发下去。当学生们注意到只有五道评论类型的问题时，脸上的笑容更加扩大了。

三个小时过去了，教授开始收试卷。学生们看起来不再自信了，他们的脸上是一种恐惧的表情。没有一个人说话，教授手里拿着试卷，面对着整个班级。

他俯视着眼前那一张张焦急的面孔，然后问道："完成五道题目的有多少人？"没有一只手举起来。

"完成四道题的有多少？"仍然没有人举手。

"三道题？……两道题？"学生们开始有些不安，在座位上扭来扭去。

"那一道题呢？"当然有人完成了一道题，但是整个教室仍然很沉静。

教授放下试卷："这正是我期望得到的结果。"他说，"我只想要给你们留下一个深刻的印象，即使你们已经完成了四年的工程学习；关于这项科目仍然有很多的东西你们还不知道。这些你们不能回答的问题是与每天的普通生活实践相联系的。"

然后教授微笑着补充道："你们都会通过这个课程，但是记住——即使你们现在已是大学毕业生了，你们的教育仍然还只是刚刚开始。"

【感悟箴言】

学到的越多，我们才会明白不知道的也越多，怀着这样的态度，个人才能够不断地发展。也许从这个角度去思考教授提出的问题，才会收获更多。在现实生活中，人们总是希望自己能多点创意，让生活多点兴味。但是，所作所为却喜欢墨守成规，难怪生活会如一潭死水。人生如果不能了解自身状况，且随时改变自己，以适应新的环境，那么必定会没有多大作为。

把持"出价"

美国的海关里，有一批没收的自行车，在公告后决定拍卖。拍卖会中，每次叫价的时候，总有一个 10 岁出头的男孩第一个喊价，他总是以五块钱开始出价，然后眼睁睁地看着脚踏车被别人用三四十元买去。拍卖暂停休息时，拍卖员问那小男孩为什么不出较高的价格来买。男孩说，他只有五块钱。

没一会的工夫，拍卖会继续，那男孩还是给每辆自行车相同的价钱，然后被别人用较高的价钱买去。后来聚集的观众开始注意到那个总是首先出价的男孩，他们也开始观察，看看会有什么结果。

直到最后一刻，拍卖会要结束了。这时，只剩一辆最棒的自行车，车身光亮如新，有多种排档、十速杆式变速器、双向手刹车、速度显示器和一套夜间电动灯光装置。

拍卖员问："有谁出价呢？"所有人都知道一定是那个小男孩第一个叫价，果不其然，拍卖员话音刚落，站在最前面，而几乎已经放弃希望的那个小男孩又轻声地再说一次："五块钱。"

拍卖员停止唱价，停下来站在那里。

这时，所有在场竞价的人的眼睛全部盯住这位小男孩，没有人出声，没有人举手，也没有人喊价。直到拍卖员唱价三次后，他大声说："这辆自行车卖给这位穿短裤白球鞋的小伙子！"

此话一出，全场鼓掌。那小男孩拿出握在手中仅有的五块钱钞票，买了那辆世上最漂亮的自行车，这时，他脸上流露出从未有过的灿烂笑容。

【感悟箴言】
谁会想到那辆自行车会最终属于那个小男孩呢？但是小男孩

恰恰是没按常规出牌，坚持了自己的"出价"，这其中包含着一种信念，从而最终获得了胜利。我们做事，不仅要有小男孩一样的恒心，像他一样的智慧也是必不可少的。五元钱是他尽其所有，他也只能出这个价，但他没有放弃，从而获得了机会。

生活的怪圈

有一个美国商人坐在墨西哥海边一个小渔村的码头上，看着一个墨西哥渔夫划着一艘小船靠岸。小船上有好几尾大黄鳍鲔鱼，这个美国商人对墨西哥渔夫能抓这么高档的鱼恭维了一番，还问要多少时间才能抓这么多？墨西哥渔夫说，才一会儿工夫就抓到了。美国人再问："你为什么不待久一点，好多抓一些鱼？"

墨西哥渔夫觉得不以为然："这些鱼已经足够我一家人生活所需了！"

美国人又问："那么你一天剩下那么多时间都在干什么？"

墨西哥渔夫解释："我呀？我每天睡到自然醒，出海抓几条鱼，回来后跟孩子们玩一玩，再跟老婆睡个午觉，黄昏时晃到村子里喝点小酒，跟哥儿们玩玩吉他，我的日子可过得充实又忙碌，我很幸福！"

美国人不以为然，帮他出主意，他说："我是美国哈佛大学企业管理学硕士，我倒是可以帮你忙！你应该每天多花一些时间去抓鱼，到时候你就有钱去买条大一点的船。自然你就可以抓更多鱼，再买更多渔船。然后你就可以拥有一个渔船队。到时候你就不必把鱼卖给鱼贩子，而是直接卖给加工厂。然后你可以自己开一家罐头工厂。如此你就可以控制整个生产、加工处理和营销。然后你可以离开这个小渔村，搬到墨西哥城，再搬到洛杉矶，最后到纽约，在那里经营你不断扩充的企业。"

墨西哥渔夫问："这要花多少时间呢？"

美国人回答："15 到 20 年。"

"然后呢？"

美国人大笑着说："然后你就可以在家当皇帝啦！时机一到，

你就可以宣布股票上市，把你的公司股份卖给投资大众。到时候你就发啦！你可以几亿几亿地赚！"

"然后呢？"

美国人说："到那个时候你就可以退休啦！你可以搬到海边的小渔村去住。每天睡到自然醒，出海随便抓几条鱼，跟孩子们玩一玩，再跟老婆睡个午觉，黄昏时晃到村子里喝点小酒，跟哥儿们玩玩吉他了！"

墨西哥渔夫疑惑地说："我现在不就是这样了吗？"

【感悟箴言】

好多人一生都在生活的怪圈中不停地旋转，但是故事中的渔夫却是少有的跳出了怪圈的人，他用最简单却又最复杂的方式思考问题，他找到了最适合他的生活，并且悠闲快乐。换个方式思考问题，有时会有意想不到的收获。

自己是"圣人"

1947年，美孚石油公司董事长贝里奇到开普敦巡视工作，在卫生间里，看到一位黑人小伙子正跪在地板上擦水渍，并且每擦完一块地板，就虔诚地叩一下头。贝里奇感到很奇怪，问他为何如此？黑人答，在感谢一位圣人。

贝里奇很为自己的下属公司拥有这样的员工感到欣慰，问他为何要感谢那位圣人？黑人说，是圣人帮他找了这份工作，让他终于有了饭吃。

贝里奇笑着说："我曾遇到一位圣人，他使我成了美孚石油公司的董事长，你愿意见他一下吗？"黑人说："我是位孤儿，从小靠锡克教会抚养，我很想报答养育之恩，这位圣人若使我吃饭之后，还有余钱了却心愿，我愿去拜访他。"

贝里奇说："你一定知道，南非有一座很有名的山，叫大温特胡克山。据我所知，那上面住着一位圣人，能为人指点迷津，凡是能遇到他的人都会前程似锦。20年前，我来南非登上过那座山，正巧遇到他，并得到他的指点。假如你愿意去拜访，我可以向你的经理说情，准你一个月的假。"

这位年轻的黑人在 30 天时间里，一路披荆斩棘，风餐露宿，过草甸，穿森林，历尽艰辛，终于登上了白雪覆盖的大温特胡克山，他在山顶徘徊了一天，除了自己，什么都没有遇到。

黑人小伙子很失望地回来了，他遇到贝里奇后说的第一句话是："董事长先生，一路我处处留意，直到山顶，我发现，除我之外，没有什么圣人。"

贝里奇说："你说得很对，除你之外，根本没有什么圣人。"

20 年后，这位黑人小伙子做了美孚石油公司开普敦分公司的总经理，他的名字叫贾姆讷。2000 年，世界经济论坛大会在上海召开，他作为美孚石油公司的代表参加了大会。在一次记者招待会上，针对自己传奇的一生，他说了这么一句话："您发现自己的那一天，就是您遇到圣人的时候。"

【感悟箴言】

人们多半容易看清别人，却往往很难看清自己。并不是因为自己比别人复杂，只是有时候看到自己的能力，不愿去肯定。看清自己的能力，自信地去工作，圣人就是我们自己。我们应该相信自己对个人能力的发掘并坚持做得更好。

经营"失败"

1945 年，一位 21 岁的匈牙利青年，身上只带了 5 美元到美国闯天下。20 年后，他成为百万富翁。

他曾经非常自豪地说："我没有做过一笔赔钱的交易，也没有一次失败的经营。"他就是罗·道密尔，一个在美国工艺品和玩具业富有传奇性的人物。那么，他是怎样才取得成功的呢？下面的例子很能说明问题。

20 世纪 50 年代，道密尔买下了一家濒临倒闭的玩具公司。当时他发现成本太高是这家玩具工厂失败的主要原因，决定提高工作效率以降低成本。道密尔规定：凡是制作工人所用的工具、材料，一定都要放在最顺手的地方，要用时，一伸手就可以拿到。这样一来，操作机器的工人，不必再为等材料、找工具耽搁时间，无形中节省了很多时间。

他的另外一个规定是：在工作中，不准吸烟，但每隔一个半小时，准许全体休息 15 分钟。因为他发现叼着烟工作，进度非常慢，而且有很多人借抽烟来偷懒。

这两项规定执行以后，在机器没有增加，人员减少的情况下，产量增加了五成。

有人曾经问道密尔，为什么总爱收购一些失败的企业来经营？——因为这是有风险的。道密尔的回答很妙："经营别人失败的生意，接过来后容易找出失败的原因，因为缺陷比较明显，只要把那些缺点改正过来，自然就赚钱了。这要比自己从头做一种生意省力很多，风险也小得多。"

【感悟箴言】

聪明人总是做事半功倍的事，道密尔就是这样。他看到了别人失败的原因，并且将其找出来，他看到的是别人忽略了的，这就是他的成功秘诀。你有一种因为有困难就不敢梦想的天生倾向吗？那么在你的头脑中就有了另一道必须要清除的栅栏。确立一种明智可行的解决问题的哲学是绝对必要的。

多年后的种子

美国有一家报纸曾刊登了一则园艺所重金征求纯白金盏花的启事，在当地一时引起轰动。高额的奖金让许多人趋之若鹜。但在千姿百态的自然界中，金盏花除了金色的就是棕色的，能培植出白色的，不是一件易事。所以许多人一阵热血沸腾之后，就把那则启事抛到九霄云外去了。

一晃就是 20 年。一天，那家园艺所意外地收到了一封热情的应征信和一粒纯白金盏花的种子。当天，这件事就不胫而走，引起人们的兴趣。寄种子的原来是一个年已古稀的老人。老人是一个地地道道的爱花人。当她 20 年前偶然看到那则启事后，便怦然心动。她不顾八个儿女的一致反对，义无反顾地干了下去。她撒下了一些最普通的种子，精心侍弄。

一年之后，金盏花开了，她从那些金色的、棕色的花中挑选了一朵颜色最淡的，任其自然枯萎，以取得最好的种子。次年，她又把它种下去。然后，再从这些花中挑选出颜色更淡的花的种子栽种……日复一日，年复一年，直到第 20 年，她终于培植出了纯白金盏花种子。

【感悟箴言】

一个连专家都解决不了的问题，在一个不懂遗传学的老人手中迎刃而解，这是一个奇迹吗？在老人自己看来不是奇迹，而是她希望的种子必然破土发芽，开出鲜花。

只要在心中存下一颗希望的种子，并坚持不懈地努力，终有一天奇迹会降临在你的头上。

树立自信心

一定的决定、思考、感受、行动都受控于某种力量，它就是我们的信念。有什么样的信念，就决定你有什么样的力量。

我们要攥紧拳头对自己说：命运其实就在自己的手中。

潜在的兴趣

为了生存，人们往往必须做一些自己并不喜欢的工作，若是长此以往，就会逐渐对自己失去信心。

日本作曲家横滨在某公司当了六个月的经理，因为他纯属外行，所以每天都因为厌烦而感到闷闷不乐，他认为：与其让一个人去做自己并不感兴趣的工作，倒不如让那些有兴趣的人去做反而有效。

一个人应当从事合乎自己兴趣的工作，前途才会有光明，否则很可能会丧失信心。

一个职员讲述自己的例子：

曾经有一段时间，我在一家银行里工作，整天与钞票、算盘为伍，生活过得相当苦闷，早上起来时，经常会感到头痛，当我坐在挤满人的电车里时，心中常会怀疑，到底我是为了什么而活着呢？每次一想到这里，我就会由于绝望而感到心中灰暗。

但是上班时，我发现其他人都很愉快，因为我的算盘总是打不好，而且时常发生错误，所以会计主任就经常对我说："唉！你又打错了！真是伤脑筋，不要总是连累别人，多多加油啊！"

如此一来，即使面对女孩子，我也感到抬不起头来，在走廊上也无法昂首阔步，若是被女孩子瞧上一眼，我就感到像是青蛙被蛇盯住一般难受，当别人欢笑的时候我却孤独地躲在一旁，完全失去了信心。

有一位亲切的女同事可能是同情我的处境，某日下班后就约我一起去看电影，趁此机会她对我提出了一些忠告："这种工作并不适合你，若你继续这样下去就等于是浪费生命，虽然适合自己的工作并不好找，但还是去找找看吧！因为人们对于自己喜欢的工作，做起来才会充满自信，有了自信才能发挥自己的才能。"

我对她的这份忠告表示感谢后，彼此就分手了。次日，我辞掉了银行的工作。

辞职不久，我便在一家报社找到了工作，是做记者，我很喜欢这个工作，因此我的成绩也一直很好。我发现一个人绝对不能去做自己所不喜欢或是外行的工作，若是勉强下去，不但没有任何好处，反而会变得更加没有信心。

有一个很好的例子：K在学校里除了画图和工艺这两门功课比一般人好之外，其余各科都很差，所以他总是显出一副无精打采的模样。

毕业后，他进入一家建筑公司工作，几年之间他就变得神采奕奕，为什么会这样呢？当然我们无法窥知真相，但是我们却知道，他天生对于艺术方面的感觉比较敏锐。他发挥了这方面的才华，专门从事建筑设计的工作，因而在不知不觉中恢复了自信，目前已是该行业中的佼佼者了。如果毕业后他选择了其他的工作，很可能会成为学生时代的翻版，因为处处不如别人而畏缩不前，过着无法出人头地的生活，更谈不上有今天的成就了！

日本有位文学家松本清张的情况也是一样，他只受过小学教育，有一段很长的时间在报社做些粗重的工作，后来由于得到《朝日周刊》的小说奖，于是便成为一个职业作家。

他在报社辛苦工作的那段时间，一直不断地研究小说的写作技巧，因为那是他最感兴趣的事情。所以他绝不会对它失去自信，终于成为一位有名的作家。

欧阳修的《归田录》中有一则故事，大意是说：

有一位神箭手在表演射箭时，因为每发必中，所以观众都对他的精湛箭术报以热烈掌声，然而有位穿着朴素的老人却只是微笑不语。

看到这个情形。神箭手就走到老人面前问道："你是不是也会射箭呢？"

"不，但是假如我一直不断地练习，相信也会射得和你一样好。"

这句话大大地伤害了神箭手的自尊心，于是他勃然变色，对老人说道："你怎么就轻视我射箭的本领！"

老人听了，仍旧微笑着说："我是个卖油的人，所以我就表演倒油的技术给你看吧！"

说完，他就将扁担由肩上卸下，然后将装油的葫芦口放了一个有孔的铜钱，这些工作完成后，他就用勺子捞起一勺油，高高地将油注入葫芦中，只见一条闪亮的细线毫厘不差地穿过钱孔，葫芦满了，铜钱却没有沾上一滴油。观众们看到他的这种功夫，纷纷鼓掌叫好，老人仍旧微笑着说："只要经常练习，任何人都能达到这种境界。"

这个卖油的老人不但谦逊，而且绝无半点自卑感。至于那位神箭手，只不过是徒然具有一项拿手的技术而已。

事实上，若能精通一门技术，则无论职业、地位、才能、学历、财产和别人有多大的差距都无关紧要，而这种技术也并不限于哪一种类，只要有一种就行了。

一旦精通了某种事物，就会使人产生自信，这样，无论面对任何人都会感到心平气和而不再恐惧了。

只要人们能够尽力做好自己所喜欢的工作，不论烹饪、体操、英语、数学或是对于动物的研究都可以，如此一来，自然能够产生自信而发挥自己的潜力。

【感悟箴言】

获得诺贝尔物理奖的华人丁肇中说过："兴趣比天才重要。"

实践证明：在影响个人职业生涯规划与发展的众多主观因素中，兴趣就像一双无形的手，所起的作用最大。

一个人如果能根据自己的爱好去选择职业生涯，他的主动性将会得到充分发挥。即使十分疲倦和辛苦，也总是兴致勃勃，心情愉快；即使困难重重，也决不灰心丧气，而是想尽办法，百折不挠地去克服它。

无畏者生存

朝鲜战争中有一位记者，他的体格并不魁梧，但是面有异相，可说是一种精悍面孔，也可说是比强悍更有深度的一种坚强。他的面孔上有一种无形的刺青，写着"天下无所惧"，是一种不畏死不怕难的面貌吧！几乎每个新闻记者对外界都很积极，甚至强横，可能是这个职业所造成的个性吧！可是这位特派员的态度特别厉害，在他的字典里，也许找不到恐惧、畏缩、退却等字眼。想做的事，一旦去做时，他就好像变成了一个火车头，用惊人的压力和速度直线猛冲，使得他对外界的一切似乎只知攻击而不知其他。

他平时开了一辆吉普车，这种车的冲力之猛实在惊人。他并不是在享受速度所造成的快感，也不是在享受冒险所造成的紧张感，当然更不是一时的孩子气。这个人本来就是如此，这便是他的开车法——很自然的、不做作的开车法。如果人的精神也像电压一样，有某种压力的话，他的精神所造成之压力就有别人的两倍之高。

他自己似乎也知道这种情形，他觉得任何人和他比起来都是弱者。不过，这也是事出有因的。

第二次世界大战期间，他做过随军记者，有一次部队被包围，他跟多数士兵一起被俘，而且将要被集体枪毙了。那是在一块四周都有围墙的空地上，八十个俘虏背靠着围墙，就像要拍纪念照一样地站着，敌军士兵拿着机关枪瞄准着，只等一声令下就要扫射，全部解决。

他站在最后一排，最高的位置，只要稍微用力就能跳过围墙。他本来就是个精神力很强的人，到了这种最后关头，他还是不肯认输，并且在心里面高声大喊："我不能死，我一定要逃走。"并且下决心逃跑，可是他很冷静，他考虑到就是幸运地逃出这一块空地，但这一带全在敌军的控制之下，前途如何实在难料。不过，他认为总是要尽全力去碰碰运气，绝不放弃"生存"的意志。

可是，问题在于何时是逃跑的适当时机，因为这是自己单独行动，如果逃得太早，一定有追兵追来，马上又被捕。但是，一旦等到机关枪开火之后，要逃也来不及了，只有在敌军即将扣扳机的时候——这才是逃走的良机。于是他屏住气息等待，那一瞬间来到时他立刻越过围墙跑了。后来当然是在惊险万状之中逃离了那个地方，捡回一条命。

对他来说，如今继续生存的概率原是百分之一都不到的事，因为他早就该在那时死了。从此之后，他在人生中"无所惧"的态度便成为极其自然的启示。他从不用去想"因为有自己，所以有外界"等道理。这种道理对他来说，早就是一个不可动摇的真理了。所以后来他绝不可能有感觉到外界压力的情形发生。

不但如此，在那一种情况下，他的生存绝非偶然，而是全靠自己的坚强意识。换句话说，在最后关头实现生存的这种信心便是他那一种大无畏精神力的母胎。

【感悟箴言】
勇敢者的存在，是人类之所以高贵的根本。
因为勇敢，人才能在面对力量悬殊的对手时面无惧色。
时代需要勇敢者的无畏！

特殊的才能

《法华经》中有这么一段：雨水同样平等地降落下来，可是因为植物们的种类不同，吸收的水分不一样，它们会各自开出不同的花来。

这段话意味着什么呢？第一点就是从某种意义来看，人是平等的，可是实际上每个人的个性和才能都不完全一样。第二就是每一个人，不论是谁，都有其特有的个性和才能，所以如何使其发挥特殊的能力，才是最重要的。

如果说孔雀很美，可是将所有的鸟变成孔雀的话，这时的大自然也同样变得毫无意义了。又如，蔷薇花很美，可是将所有的花变成蔷薇的话，这时的大自然也同样变得毫无生趣可言！大自然，不正是因为有了各种不同的鸟类，又开着许多不同的花朵，所以才显得更美的吗？才会让人觉得很有意义的吗？

人类的社会也是一样，如果所有的人都做同样的事，向同样的目标前进的话，这个社会就不能存在了。只有使所有的人都能够发挥个人特有的个性和才能，才会使社会更发达、更进步，对每个人来说，生活也会更有意义的。

所有的人都有自己独特的才能，或许有的人表面上看来，好像傻瓜一般，可是只有那个人才能做到的特点能力，就一定会在那人的身上显示出来的。即使看起来很衰弱的人，也会有强势的一面！

成绩、学历，应只是某一方面程度如何的标准而已。如果受到成绩或学历的拘束而限制自己发展的可能性，不是太空虚、太可惜了吗？

当然，如果你的目标是要做高官，的确需要学历作背景；假定有些公司规定，当科长的人一定要大学毕业，可能会对某些人产生限制。可是就像刚才所说过的一样，认为孔雀很美，而使所有的鸟类都变成孔雀，就没有多大意思了。如果大家都成为高级干部，也是同样没有意义的。白鹤也想要变成孔雀，而去受苦、去挣扎，是多么愚蠢的行为啊！如果你想和大多数人一样，力争上游，那只会带来一连串空虚的苦斗而已。

在这个时候，就应该会产生一种意识，这种意识能自觉到自己特别的个性和才能。个性应该是不可能有上下之差别的。有一位公司的科长和住在附近的一位董事长，在个性的方面看来应是不分上下的。可是董事长是一个公司的领导，而那位科长只要到了退休的年龄后，可能就会被认为是普通人而已。相反地，那位董事长只要碰到经济不景气，就会突然变成普通人，然而那位科长只要能够处理一般事务的话，就可以永久地当科长。危险，是任何人都会碰到的，所以抱着适合于个性的原理，人生会比较有意义。

【感悟箴言】

不要抱怨命运的不公，不要抱怨成功的艰辛，不要抱怨生活的乏味，活出自己的个性，活出自己的魅力，活出自己的价值，活出自己的精彩！

任庭前花开花落，任天边云卷云舒，只要自己活得个性十足！

从自己做起

不可使你降服于暂时的疑虑，免得给予"失败"许多可乘之机。不管前途是怎样的黑暗，不可使你的自信力有片刻的动摇！要知道，没有一件东西可以摧毁他人的信任，一如我们自己心中的疑惑那么快。我们一有了疑惑，凡是和我们接触的人们，都能够立刻发觉出来的。许多人为什么要失败呢？都是他们先沮丧了自己的心情，而不幸这些不良的心情，影响到了周围的人们，以致使这些人对他们失去了信任，这不是明白告诉了我们，他们咎由自取吗？

要是你是一个雇主的话，你的雇员们一定很能够说出你处置第一件工作的态度，那一件事像一个胜利者，带着胜利的自信的意味；那一件事像一个战败者，带着怀疑与失望；他们不但可以说得清清楚楚，并且，他们还能从你的面容、你的行为，预测你今天的事业是得利还是失利。

在商品推销中，将你自己的信任传给他人，这是最有力的生意法门。不论你是做代理人、商业旅行者，或者店里的伙计，都是这样。

其次，做教师也是很难。他们必须随时表现一种正当的心理态度，否则，只要教师的心中一慌乱、一烦恼、一犹豫，便能使全教室的学生混乱地吵扰不休了。假使教师的态度能够宁静一点、镇定一点、和蔼一点的话，即使就是这一班学生，也可以使他们处于平静与良好的环境之中。此外，做教师的必须克服学生中的敌对行为，调和他们的口角，安慰他们的小头脑，以及将重要的知识扼要地印入那些不肯留心的学生的脑中。

要达到这些目的，必须先从教师自己的人格出发。青年们最容易感受他人的思想，尤其是对于时常在一处的教师，更是时刻关心着，连一刻也不肯放松，他们知道教师是否真正注意他们，是否愿意帮助他们。假使做教师的没有同情的本性，或者是被他们发现有一种自私的态度，那么，这教师就不能再获得学生们的爱戴，甚至于将被学生们拒绝合作呢！

总之，做教师的要是不能获得学生的信任，正如医生不能获得病人的信任、店员不能获得雇主信任一般的尴尬。

【感悟箴言】

虚怀若谷、谦和谨慎，能广交朋友，获得他人的信任与好感；而孤芳自赏，自命不凡，则会使朋友离你而去。

相信自己，毅然前行

在普通人看来认为不可能的事，如果当事人能从潜在意识去认为"可能"，也就是相信可能做到的话，事情就会按照那个人信念的强度如何，而从实际中流出极大的力量来。这时，即使表面看来不可能的事，也可以完成。

这也就是根据信仰来相信自己的力量。例如医生认为无法痊愈的病患，如果抱着"一定会好"的信念去努力的话，病就也许真的可以完全医好。这种故事古今中外不胜枚举。

工作时也一样，没资本也没什么关系，在不景气中喘息奔波而能渐渐露出头角得到成功的例子也有很多。那是因为他能够不管别人说"那怎么可能"的话，而抱着"我一定要把那件事完成给你看"的信念之故。

为什么能够产生这种奇迹般的事？主要是有两种想法。

其一，拥有绝对可能的信念，就会在潜意识中播下好种子，而从潜意识中引起良好的作用。其二，那个绝对可能的信念到达后，会从那里流出无限量的能力来。

从上面两个理由看来，许多不可能的事往往会变成可能，这种奇迹般的事是可能发生的。而且并不需要长时期的等待，有时在短时间内就会产生效果。

许多令人无法相信的伟大事业也有人能够去完成，其主要原因是，那些人都拥有不怕艰难的强烈信念。

能毅然前进的人，连鬼神也会让路给他。同时，这样子往前进的人，虽然自己不做什么事，但外界自然会有人想知道他。如此一来，周围环境的状况就会有所变化，而许多不可能的事，往往会变成可能。

所以，要相信自己的力量，不要受周围声音的左右。能如此毅然地前进，成功之路就会为你打开。

【感悟箴言】

很多时候，现实的环境我们不能改变，但能改变的是我们的心，我们可以不受周围环境的左右，反而利用环境，使危机化为转机，去面对你遭遇的困难、现实冷酷的环境，只要有信心，坚持下去，就一定能渡过任何难关。

努力必好运

对一些有意义的工作拼命尽力地做，才会对偶尔的休息或游戏与娱乐感到高兴。同时，从那种休息的喜悦中，才会涌出努力的勇气来。如果一味地休息或娱乐，就根本无法体会出这种喜悦和幸福感，也就是说，只有努力才是涌出幸福感的泉源。

那么要怎样才算是努力呢？经常不断地努力，比别人多出三倍、四倍或五倍的努力和用功，那才是真正的天才。社会上有些人与生俱来就有伟大的才能或优秀的素质，可是那种才能或素质如果不活用的话，也没什么价值，必需不断地努力摸索才能有所发挥。然而一个没有才能的人，只要肯努力，也可以获得成功，也就是要努力才能产生天才。何况自己是否有才能是连自己或他人都无法预知的，每一个人都拥有一些不为人所知的能力，由于不去摸索发现而让它一直沉睡着。不管是什么样的天才或资质优秀的人，如果不努力也是不会有成功的。而一个钝才只要肯努力，也可以完成比天才更好的工作。社会上常有人说："那个人虽然有才能，可惜……"拥有优秀的才能却不知道活用是很可惜的事，因为那个人沉溺在自己的才能中，以此自满而忘记努力，因此就常会碰到许多不幸的情况发生。而钝才因为不会对自己的才能感到骄傲，就要尽量靠自己去努力，因此常会意外地做出一些比有才能的人所能做的大事情来。

在百货公司铺上电车路线，并且一边延长铁路线一边开发沿线土地，建立了流通部门、铁路部门、不动产部门等大集团的日本大阪快车集团创始人小森一三先生，被认为是个投机的天才，但实际上他是个非常努力的人。他说："认为自己会赢的人，只要抱着这个想法，小心坚持地做下去，一定会赢的。但是别人工作只要八小时，自己就必须工作十五个小时；别人在吃好东西时，自己必须忍住不吃。能够有这种意志的人才能有意外的成功。"

东京急行铁路的五岛庆大和西武铁路的提式家族，也曾模仿他的生意做法而成功过。但这种使别人感到惊奇的巧妙投资，也是需要付出许多别人所无法了解的观察和资料搜集等的努力，才能有这样的成果出现。

好运这种东西，是需要很大的努力才能得到的。

【感悟箴言】

时下，多少人都在感叹生命的脆弱，一个个原本健康活泼、生龙活虎的生命，转瞬间就因一时想不开而被一片薄薄的刀片轻易地毁掉，一根细细的绳子夺去，一湾浅浅的清水吞噬……

其实，这些人的生命之所以变得这样脆弱，关键在于其失去了生命的意志。生命力的顽强与否，完全取决于人的意志。一个人意志强了，生命力就会无比顽强，如张海迪、奥斯特洛夫斯基等人。意志薄弱了，生命力就会脆弱得不堪一击。

移山的行动

要有坚定的意志，必须先在潜意识里下定决心。若在表层意识里不管如何用力，也无法有坚定的意志，因此必须在内心深处痛下决心才行。

能有这种潜在意识的坚定意志，就等于把工作完成了一半。因为在内心深处痛下决心，就表示心已朝向"决定要做做看"的状态，因此工作能否完成只是时间的问题而已。心中如果无法痛下决心，工作始终就无法起步，只能在四处不知所措地徘徊着。

但是你可能会问："你敢保证，只要有坚定的意志，一定会成功吗？"对于这个问题，回答是"不！"要有愚公移山的信心，并非只靠梦想或祈求，而是应该冒着失败的危险勇敢地前进。自信只给予我们男人中的男人，给予我们肯勇敢冒险向着重大事件前进的男人，世界将会为他戴上冠冕。

那么，为什么没有成功的保证，却也有肯冒险而能成功的人呢？能够把握机会的人被大家知道时，他就能得到别人的援助；有勇气的人会吸引有勇气的人；富有想象力的人会吸引富有想象力的人；想成大事的人也会吸引想做大事的人。同时，从意想不到的源泉那里传来强大的帮助的力量，因此只要拥有强大的意志，就自然而然能和成功连在一起。

如果抱着信念开始做某种事的话，我们是不会遇到悲剧的。如果你现在踏出一步，就等于在遥远的成功的路途上走了一半。好的开始等于成功的一半。

【感悟箴言】

苏东坡曾云：古之成大事者，不唯有超世之才，亦有坚忍不拔之志。坚强的意志是一个人成功的必要心理素质，只有坚持不懈，持之以恒，才能圆满地实现自己的人生目标。

态度决定高度

一个人是否成功，他的态度很关键！成功人士与失败者之间的差别是：成功人士始终用最积极的思考、最乐观的精神和最辉煌的经验支配和控制自己的人生。失败者刚好相反，他们的人生是受过去的种种失败与疑虑所引导和支配的。

有些人总喜欢说，他们现在的境况是别人造成的。环境决定了他们的人生位置。但是，我们的境况不是周围环境造成的。说到底，如何看待人生，由我们自己决定。纳粹德国某集中营的一位幸存者维克托·弗兰克尔说过："在任何特定的环境中，人们还有一种最后的自由，就是选择自己的态度。"

马尔比·D. 巴布科克说："最常见同时也是代价最高昂的一个错误，是认为成功有赖于某种天才、某种魔力，某些我们不具备的东西。"可是成功的要素其实掌握在我们自己的手中。成功是正确思维的结果。一个人能飞多高，并非由人的其他因素，而是由他自己的态度所制约。

我们的态度在很大程度上决定了我们人生的成败：

我们怎样对待生活，生活就怎样对待我们。

我们怎样对待别人，别人就怎样对待我们。

我们在一项任务刚开始时的态度决定了最后有多大的成功，这比任何其他因素都重要。

人们在任何重要组织中地位越高，就越能达到最佳的态度。

人的地位有多高，成就有多大，取决于支配他的思想。消极思维的结果，最容易形成被消极环境束缚的人。

【感悟箴言】

一棵苍松相信自己，便挺立在它扎根的那座险峰上。

一面旗帜相信自己，便高扬在它呼唤的那片土地上。

态度决定后果

一个人在生活中老是寻找消极东西的话，就会成为一种难以克服的习惯。这时候，即使出现好机会，这个消极的人也会看不到、抓不着。他会把每种情况都看作一个障碍接着一个障碍。

障碍与机会之间有什么差别呢？主要在于人们对待事物的态度。亚伯拉罕·林肯被普遍认为是美国历史上最伟大的总统。林肯说过："成功是屡遭挫折而热情不减。"正确的做法是，在彻底考察事物的积极面之前，决不接受消极的东西。积极思维的习惯养成之后，人们就比较容易在关键时刻做出明确的决定。

俗话说："毛色相同的鸟聚成一群。"这话实在很正确。物以类聚，人以群分。聚在一块的人则互相影响，逐渐靠拢而变成一个样。

人们大概注意到结婚多年的夫妇行为逐渐变得一样，甚至连外貌也相似。而思维方式的同化是最明显不过的。与消极思维者相处得久了，你就会受其影响。接触消极思维者就像接触到原子辐射，如果辐射剂量小、时间短，你还能活，但持续辐射就要命了。

你大概跟事事悲观的人接触过。譬如屋顶漏水，这种人就认定暴风雨要来临了。他们把人生看成一片黑暗，大难临头。这些人的座右铭就跟墨菲定律一样，你大概听说过墨菲定律："任何事情都看似容易，实质很难；任何事情所费时间都比你预期的多；任何事情都会出差错，而且是在最坏的时刻出差错。"

与此相反，我们用麦克斯韦尔定律看待人生："任何事情都看似很难，实质不难；任何事情都比你预期的更令人满意；任何事情都能办好，而且是在最佳的时刻办好。"

信奉墨菲定律的人的消极思维之中最坏的一面是——消极思维使他们从错误的角度看事情。而成功人士总是从最佳的角度看待机会，作出判断；看不到将来的希望，就激发不出现在的动力。消极思维摧毁人们的信心，使希望泯灭。它慢慢地使消极思维者意志消沉失去任何动力。

一个人的行为方式，不可能永远与他的自我评估相脱节。消极思维者不但想到外部世界最坏的一面，而且想到自己最坏的一面。他们不敢企求，所以往往收获得更少。遇到一个新观念，他们的反应往往是："这是行不通的，从前没有这么干过。没有这主意不也过得很好吗？这风险冒不得，现在条件还不成熟，这并非我们的责任。"所罗门国王据说是世界最明智的统治者。在《圣经·箴言篇》第23章第7节中，所罗门说："他的心怎样思量，他的为人就是怎样。"

换言之，人们相信会有什么结果，就可能有什么结果。人不可能取得他自己并不追求的成就。人不相信他能达到的成就，他便不会去争取。当一个消极思维者对自己不抱很大期望时，他就会给自己取得成功的能力"嘭"的一声封了顶。他成了自己潜能的最大敌人。在人生的整个航程中，消极思维者一路上都在晕船。无论目前的境况如何，他们对将来总是感到失望。许多人信奉的是索姆定律："凡是事情看好的时候，你肯定疏忽了某些东西。"

在消极思维者眼中，玻璃杯永远不是半满的，而是空的。他们预期得到人生中最糟糕的东西——而且确实会得到。这些人如同一个年轻的登山者。那时他正在跟一个经验丰富的向导在白雪覆盖的高山上攀登。一天清晨，这年轻的登山者忽然被一阵巨大的爆裂声惊醒，他以为是世界末日了，这时，老练的向导告诉他："你听到的不过是冰块在阳光下碎裂的声音。这不是世界末日，而是新的一天的开始。"

如果我们想把人生尽情发挥，展现我们的潜能，享受人生之旅，我们就必须在任何环境中乐观积极。

【感悟箴言】
良禽择木而栖，如果不能改变木，那就改变自己。

信念在行动

一般人都认为不可能的事，你却肯向它挑战，这就是成功之路了。

然而这是需要信心的，信心并非一朝一夕就可以产生的。因此，想要成功的人，就应该不断地去努力培养信心。

信心要如何培养？其中的一个方法是，多读一点有关那方面的好书。然后，利用从实践中得来的无限的能力，使事情变成可能。另一个方法是，提高自己的欲望。借着提高自己的欲望来培养自己的信心，也就是要抱着欲望去挑战，再从经验中培养信心。这时候如果能配合着读一点好书的话，效果会更好。

以"可能"这种信念为种子，播在你的意识中，然后注意培养、管理。不久，这个种子会慢慢生根，从各方面吸收养分。如果能热心又忠实地继续培养信念的话，不久所有的恐惧感就会消失殆尽，不会再像过去一样出现在软弱的心中，自己也就不会再成为环境的奴隶。但是你必须站在高塔上去面对环境，并且发现自己能有对环境指挥若定的伟大力量。

培养"可能"这种信念，也就是把自己的力量，提高到最大的程度。

只要有强烈的意志和努力，一定可以突破一切的障碍，尤其能再和实际连在一起的话，你就可以得到巨大的力量。

但我们都很容易认为："反正我是不可能再升级了"，或"从自己体力看来，我想我的能力只能到达这里为止了"。这种用理性所划出来的界限很不容易突破，其实那条线是可以突破的，只因为自己在无意识中画了那条线，所以才会把自己的能力，一直压制在低限度的地方。

信念和想象力是阻止人们内心无限发展的可能性的唯一限定。也就是说，设立自己能力界限的，就是自己现在的意识和信念。

但对于想要做就马上去做的人来说，这种界限是不存在的。

他所前进的地方，社会的意识是无法限制他的。

如果常被社会意识所过分限制的话，什么事都无法有所成就。

【感悟箴言】

一切的决定、思考、感受、行动都受控于某种力量，它就是我们的信念。有什么样的信念，就决定你有什么样的力量。

现在就开始行动，你就是在开始成功。

成功之祖

什么人最值得我们称颂呢？根据大多数人们的意见，唯有"能说能行"的人，是最难能可贵的。

"能说能行"的人，都有一颗"坚决的心"。

说到"坚决"，那是接近"真理"的"美德"之一，人们能够好好地应用它，便可以成为生命表现的指导力。曾有一位皇帝，问过一位哲学家：谁是最快乐最幸福的人呢？哲学家的回答真出乎皇帝的意外，他说：谁能这么想，便能这么做到的人，是最快乐最幸福的。

爱默生曾说过，这世界只为两种人开辟大路：一种是有坚定意志的人，另一种是不畏惧阻碍物及滑石的人。

他又说：那些"紧驱他的四轮车到星球上去"的人，倒比在泥泞道上追踪蜗牛行迹的人，来得容易达到他的目的呢！

的确，一个意志坚定的人，是不会恐惧艰难的。尽管前面有阻止前进的障碍物，它可以阻止他人，却不能阻止住意志坚定的人。意志坚定的人能够排除这障碍物，然后继续前进。尽管路畔有使人跌倒的滑石，但它只能使他人跌倒，意志坚定的人，行进时脚跟步步踏实，滑石也奈何不得他。

自信是成功之祖！只要我们有自信，便能增强才能，使精力加倍。

你应该训练你的思想，使你具有坚信的强力、自决的重量以及自信的能力。要是你这些都软弱了，那么，你的思想也将软弱，以至于你的工作也将因此而受影响。

许多人不能具有坚强而深刻的信念，他们往往注重表面，忽略了实际，他们没有自己的思想，不论任何人的意志，都可以使他们转变了态度。

"骑墙派"的思想，是最危险不过的。当左边得势的时候，你就归向左边，等到右边风行的时候，你又附和了右边——你以为这是最圆滑的手段吗？可惜，你已成了一个没有主见、没有思想的人，这是何等的可怜啊。

所以，你不可"骑墙"观望，你必须肯定地决定：在左边或是在右边。不过，决定以后，你就得坚决地维护你的主张，任何阻挠与艰难，都不可以转移你的志气。能够具有这么始终贯彻的思想，就能够成就伟大的事业。

反过来说，要是你决定了某一个方针，等一遇到阻碍，就将你的决心动摇了，或者是游离不定，结果常常受反对方面的支配，以及被不赞同你意见的人所操纵。不用说，你的事业就此全盘失败了。

因此，凡是浮动不可靠、缺少决断力、没有确切决定的人，往往失败的时候多，成功的机会少。

请你们想吧！一个人要是没有力量与决心，这还有什么用处呢？如果他只有表面的自信，却没有主见，那还有谁再能信任他呢？尽管他是一个好人，但是，他决不能引起他人的信任。每当有重大事情发生，或者正当危急的时候，也不会有人想到去请教他。

一个人的自信力，要是不能控制他自己的灵魂，那么他最多仅能在生命上获得极小的成就。

一个人的自信力，能够控制他自己的生命的血液，并能将他的"意志"坚强地运行着，这不愧是一个有能力的人，能够担负起艰巨的责任，这样的人才是可靠的。

如果一个人能够拥有坚定的力量，能够把他们所希望的，在心灵上牢牢地把握住，然后向着这理想目标坚持不懈地努力，那么，他们一定可以排除种种的不幸与困难，而达到他们理想中的最高峰。

我们再谈谈"意志力"，所谓意志力的运用，也可以说是坚定的另一种形式——"意志"，就是做一件事情的"决心"，正如"坚定"自己的力量去做某一件事一样。在这世界上，要是没有坚定的意志力，不论做什么事情，是决不能获得成功的。

意志坚定的人，在工作尚未完成前，要他中途退缩，那是绝对不可能的。因为，他对于工作有坚定的信仰，他相信能够从事眼前的工作，他相信能够应付眼前的阻碍，他相信能够克服眼前的环境，他并拥有能随时坚定进行的能力，随时坚定进行的决心，使他通过困难，使他轻视障碍，使他嘲笑不幸，使他增强了成功的力量。——这力量一增添，再配合了他的天才与智能，便可以从容地应付各种困难了。

所以，我们需要时常坚定地增强勇气，因为"勇气"便是"信任"的基础。能够获得他人信任的人，必定是勇谋兼备的人。

再进一步说，当一个人落入困难的处境时，只要能够坚决地说：

——我必定……

——我能够……

——我要……

这不但可以增强他的勇气，加强他的自信，并且可以减弱对方的力量。因为不论在什么事情上，只要能强化了积极的意志，便会减弱那相关的消极的意志。

如果你遇到一件艰难的事情，你不必退缩与灰心，也不必彷徨与犹疑，只要赶快增强你那积极的意志，去排除你那消极的意志，感到你"正的力量"已胜过了"负的力量"时，你的事情也就有希望做成了。

【感悟箴言】

一个人绝对不可在遇到危险的威胁时，背过身去试图逃避。若是这样，只会使危险加倍。但是如果立刻面对它毫不退缩，危险便会减半。决不要逃避任何事物，决不！

勇气依凭自信，亦如获益于逆境的能力依凭自信。

充分挖掘潜能

　　每个人都有自己过人的一面，在生命的时间内，将它发掘出来并加以利用，这就是成功。如果缺乏进取心，你的天赋和潜能，就难以发挥出来，必然会输给那些信念坚定、立志进取的人。哲学家雅斯贝尔斯说过："谁若每天不给自己做梦的机会，那颗引领他工作和生活的明星，就会迅速黯淡下来。"

水与容器

　　克林曼在生活上总是落魄，不得意，便有人向他推荐去找智者。

　　克林曼找到智者。智者沉思良久，默然舀起一瓢水，问："这水是什么形状？"

　　克林曼摇头："水哪有什么形状？"

　　智者不答，只是把水倒入杯子。克林曼恍然大悟似地说："我知道了，水的形状像杯子。"智者没有回答，又把杯子中的水倒入旁边的花瓶，克林曼又说："我又知道了，水的形状像花瓶。"智者摇头，轻轻提起花瓶，把水轻轻倒入一个盛满沙土的盆。清清的水便一下溶入沙土，不见了。

　　克林曼陷入了沉思。

　　智者俯身抓起一把沙土，叹道："看，水就这么消逝了，这也是一生！"

　　克林曼对智者的话咀嚼良久，高兴地说："我知道了，您是通过水告诉我，社会处处像一个个规则的容器，人应该像水一样，盛进什么容器就是什么形状。而且，人还极可能在一个规则的容器中消逝，就像这水一样，消逝得无影无踪，而且一切无法改变!"克林曼说完,眼睛紧盯着智者的眼睛,他急于得到智者的肯定。

"是这样。"智者捋须,转而又说,"又不是完全这样!"说完,智者出门,克林曼随后。在檐下,智者蹲下身,用手在青石板的台阶上摸了一会儿,然后停住。克林曼把手指伸向刚才智者手指所触之地,他感到有一个凹处。他迷惑,他不知道这本来平整的石阶上的"小窝"藏着什么玄机。

智者说:"一到雨天,雨水就会从屋檐落下,看,这个凹处就是水落下长期打击造成的结果。"

克林曼于是大悟:"我明白了,人可能被装入规则的容器,但又像这小小的水滴,改变着坚硬的青石板,直到破坏容器。"

智者说:"对,这个窝会变成一个洞!"

克林曼说:"那么,我找到答案了!"

智者不语,用微笑和沉默与克林曼对话。克林曼离开了智者,重新回到了社会。他用行动证明,这世间又多了一个充满活力的人。

【感悟箴言】

人有的时候必须去适应环境,因为只有适应才能生存,只有生存才能发掘潜能。然而,一味地为了适应而改变自己又显得太傻了,潜能会被封杀掉。谁说环境不能被我们改变?当条件成熟,时机适合时,就要做环境的主人,当然,这要通过自己不懈的努力。

跨栏定律

一位名叫阿费烈德的外科医生在解剖尸体时,发现一个奇怪的现象:那些患病器官并不如人们想象得那样糟,相反在与疾病的抗争中,为了抵御病变,它们往往要代偿性地比正常的器官机能更强。

最早的发现是从肾病患者的遗体中发现的,当他从死者的体内取出那只患病的肾时，他发现那只肾要比正常的大。当他再去分析另外一只肾时，他发现另外一只肾也大得超乎寻常。在多年的医学解剖过程中，他不断地发现包括心脏、肺等几乎所有人体器官都存在着类似的情况。

他为此撰写了一篇颇具影响的论文，从医学的角度进行了分析。他认为患病器官因为和病毒作斗争而使器官的功能不断增强。假如有两只相同的器官，当其中一只器官死亡后，另一只器官就会努力承担起全部的责任，从而使健全的器官变得强壮起来。

他在给学生治病时又发现了一个奇怪现象，搞艺术的学生的视力大不如其他人，有的甚至还是色盲。阿费烈德便觉得这就是病理现象在社会现实中的重复，他把自己的思维触角延伸到广泛的层面。

在对艺术院校教授的调研过程中，结果与他的预测完全相同。一些颇有成就的教授之所以走上艺术道路，原来大都是受了生理缺陷的影响，缺陷不是阻止了他们，相反促进了他们走上了艺术道路。

阿费烈德将这种现象称为"跨栏定律"，即一个人的成就大小往往取决于他所遇到的困难的程度。

【感悟箴言】

其实，按照阿费烈德的"跨栏定律"，可以解释生活中许多现象——譬如盲人的听觉、触觉、嗅觉都要比一般人灵敏；失去双臂的人的平衡感更强，双脚更灵巧。所有这一切，仿佛都是上帝安排好的，如果你不缺少这些，你就无法得到它们。竖在你面前的栏越高，你跳得也越高。一个人的缺陷有时候就是上帝给他的成功信息。

做饭的学者

有五个学者来到繁华的首都。这五个学者分别是逻辑学家、语法学家、音乐家、占星家和健康学家。他们都表示自己在某一方面很有专长。国王听说后就把他们召来，准备奖赏。在聪明的大臣的建议下，国王让五个人先去自己做饭吃，然后再来接受奖赏。侍卫官安排他们住在一间宽敞的房子里，并准备好了必要的用具，他还派一些人暗中观察他们的行动。

为了做饭，五个学者做了分工。逻辑学家去市场上买油。他回来的时候手里提着一罐子油，他的逻辑学知识使他动起了脑筋，他自问道：究竟是罐子依赖油，还是油依赖罐子呢？他反复考虑仍然解释不了这个疑问。他想最好试验一下，以便弄清这个真理。于是，他把罐子口朝下，翻了一个个儿，结果油都洒在地上了，逻辑学家这才弄清了谁依靠谁的问题。他感到很高兴，因为他又发现了一个新的真理，他愉快地拿着空罐子回到了住处。

语法学家去买酸奶。他来到一个杂货店，遇到一个卖酸奶的姑娘。他听她说话不合语法，就堵着耳朵走开了。当他往前走时，听到另一个姑娘在叫卖酸奶，她的话发音也不对，于是语法学家走到姑娘旁边说："看来你是个野姑娘。每一个词和每一个字就像神一样神圣，发音不对就糟蹋了它，这是亵渎圣物。语法学是不能容忍把短元音发成长元音，把非送气音发成送气音，把一个字母的音发成另一个字母的音，这会造成误解。你要认真学习发音，发音要正确。"姑娘听了这番教训和责备很不高兴，她回敬说："你是哪儿来的？你好像是一个野人，你有什么资格让我好好学习说话。你应首先管好自己的舌头。如果你想买酸奶的话，就买，不然，就闭上你的嘴，滚开吧！你为什么在这儿浪费时间？"听了这顿数落，语法家火了，说："如果我从像你这样说话不符合语法的人手里买酸奶，我也会因而招致罪恶。"他说完就走了，因而没有买成酸奶。

占星家来到附近的森林中寻找树叶，准备烧饭用。他爬到一棵榕树上去揪树叶。他正要揪的时候，听到变色龙咕噜咕噜地叫起来。占星家自言自语说："这个叫声很不吉利，今天我不应揪树叶，最好还是下去吧。"当他试图下来时，地上有只蜥蜴叫了起来。他想，这个声音是个吉兆。当他左思右想该怎么办时，天已经快黑了，他只好回到住处，而没有采回树叶。

健康学家去到市场上买菜。他看到那里有各种各样的菜。但是他想，茄子吃了使人发热，葫芦吃了使人发冷，根茎菜常引起痛风症……他发现每种菜都有缺点，他回到住处，什么菜也没有买。

当四个学者出去采购时，音乐家开始做饭了。他把开水倒在锅里，再加上米，盖上锅盖。当他把炉子点着时，蒸气噗噗地冒出来，把锅盖顶得啪啦啪啦直响，听到这种声音，音乐家的灵感来了。他随着锅盖震动的节奏，谱起曲子来。过了一儿，粥锅开了，它发出的声音是很不协调的，于是音乐家找来一根粗棍子，使劲地敲起锅来，结果锅被打破了，煮的稀饭洒了一地。虽然如此，他仍然很高兴，因为那不协调的声音消失了，当然，稀饭也没有了。

到了晚上，五个学者聚到一起，互相指责起来，都说没有做好饭是别人的错误。

国王通过暗中监视他们的侍卫官知道了这一情况。他很同情五个学者，把他们叫到宫廷来，说道："先生们，你们平时只会学习研究，而不懂得日常生活，所以连一顿饭也做不出啊。仅仅做个书呆子是没有用的，回去思考吧！"

他讲完之后，送给了五个学者应有的奖品。

【感悟箴言】

只有理论知识，而没有生活技能的人，在社会上不一定能实现自我价值与充分发挥自身潜能。一个人走上社会，需要积累处世能力和技巧。因为从某个角度看，它们远比知识更有意义，也更能帮助自己找到智能的最佳点。

乞丐的愿望

耶路撒冷圣地有一个又老又脏的乞丐，天天站在路旁乞讨，有一顿没一顿的，日子过得穷苦不堪，但是他每天早上仍虔诚地祷告，希望奇迹能降临到自己身上。

一天，当他祈祷完毕，抬头一看，竟然有位全身发光的天使站在眼前。天使告诉乞丐，上帝可以实现他的三个愿望。

老乞丐心中大喜，毫不迟疑地立刻许下了他的第一个愿望：要变成一个有钱人。刹那间，他就置身于一座豪华的大宅院中，身边有无数的金银财宝，终其一生也享用不尽。老乞丐马上又向天使许下第二个愿望：希望自己能年轻 40 岁。果然，一阵轻烟过后，老乞丐变成了 20 岁的年轻小伙子。这时，他兴奋到了极点，不假思索地说出了第三个愿望：一辈子不需要工作。

天使点了点头，他立刻又变回了路旁那个又老又脏的乞丐了。

乞丐不解地问："这是为什么？这个愿望说出来之后，我为何变得一无所有了呢？"

一个声音从天际传来："工作是上帝给你最大的祝福。想一想，如果你什么都不做，整天无所事事，那是多么可怕的一件事！只有投入工作，你才能变得富有，才有生命的活力。现在你把上帝给你的最大的恩赐扔掉了，当然就一无所有了！"

【感悟箴言】

工作是上苍给人类最大的福气。因为工作中隐藏着无数成功的机会，也体现着个人价值，更能让你从此远离空虚和无聊。如果你非常热爱工作，那你的生活就是天堂；如果你非常讨厌工作，那你的生活就是地狱。因为你的生活当中，大部分的时间都和工作紧密联系在一起。你对工作的态度决定了你对人生的态度，你在工作中的表现也就决定了你人生中的表现。

理性的任务

理性是不能排除的，因为理性自有理性的任务。例如：决定人生目标的，还是理性。想要什么，想做什么，想当什么，做这些决定的并不是潜在意识，而是理性。

要建立一个家时，到底需要多少时间、多少资金？做这样估计的，也是理性。愿望是不可以无期限、无限制的，因为如果无期限也限制的话，可能就无法达成了。想进入一所大学，也不可以说花费几年时间都没关系，如果是哪一年进去都可以的话，也就不必要抱此愿望了。所以说，时间的设定也是非常重要的。

但在另一方面，不需要时间设定的也有。例如：什么时候才会帮助我的大计划实现？这就不能有时间的限定，而是要靠时间的流动来作决定的。

虽然要靠这种无法预测的时间的流动，可是也应该有某种计划才对。利用短期目标来累积也可以。不过，最好有五年或十年后的长期目标，或一生之久的长期目标。

当然，订立目标后不久，也可能会因情势的变化，而发生不得不做改变计划的情况。也有部分是用理性而订立出来的计划，但是，我们只能把理性的计划看作是一种单方面的，以后还需要用努力和热心来辅助，并且也不可以受到无理、偏见，或别人意见的左右才行。

【感悟箴言】

感情是一种人文气质，一种心理经验。理性的任务是检验感情质量，承受感情压力，将感情转化为想象力。

人的理性的任务就在于对必然性的认知，而且理性也在这种认识中得到满足，通过这种认识而服从于必然性。

理性与灵感

我们不信有用理性无法判断的东西，不但不相信，甚至还会排斥，这是受到近代理性主义、理性万能、科学万能等想法的影响。但是，各位想一想，我们靠理性可以判断到什么程度呢？这个社会还是有太多的事是无法用理性来了解的！

例如：每个人对自己的人生做个回忆的话，就会发现每次的转折点一定会有偶然的契机在起作用。譬如：偶尔和谁相遇的事，形成人生大变化的转机，或走在街上时偶然产生一个好主意等等，机会偶然也会来临。

一加一等于二的公式，在人生中是无法通用的，一加一有时可以等于十，有时等于五。大部分都是偶然的契机或偶尔产生的灵感所造成的。这是什么缘故呢？

潜在意识中积沉着很多情报，因为所有的人都和潜在力量直接连在一起，所有人的思想或行为都会被刻在心里，因此各种各样的人所想过做过的事，都会留在心里。

由于我们能向潜在世界巧妙地施加影响，故就可从心中丰富的情报仓库中获得对我们有用的情报。

在公司里工作或研究，经常会为了想不出好主意而苦恼，这时候如果为了拼命要想出主意而活动的话，有时真的会突然想出来。那是你强烈的愿望变成反作用，于是就能提供你所必需的主意来。

这是认为理性是万能的人无法相信的事，他们可能还认为"岂有此理"，但是灵感就是因这种作用而产生出来的，并非更改所产生的。

史蒂文森是个有名的小说家，他写过《化身博士》《金银岛》，在著书中他曾说过，自己的小说经常都是从潜在意识得到构想的。也就是从丰富宇宙的情报中，得到了写小说的灵感。日本数学家冈洁也是重视灵感的人，认为数学的世界理性并不是万能的。

【感悟箴言】

每一个灵感的动机，每一环严谨的分析，每一次成功的抉择，都预示着下一次的理性与成功。

因此，我们尽量要以灵感思维为主，能用灵感思维就不用理性思维。这样说是有前提的，要在自己有了许多积累后，这种积累是多方面全方位的。要做到明察秋毫、当机立断、反应灵敏，没有任何顾虑和杂念，做到头脑清醒、心胸宽阔、动作顺遂、脚步轻灵，懂天时、知地利、得人和，为人处世随心如意，这时才感到其乐无穷。也就是说感受到了发自内心的愉悦，精神上的充实，肉体上的和谐，这个时候灵感思维是随心所欲的，这才是真正的幸福。

潜意识的力量

你今天心情好吗？一早醒来，你是否迫不及待面对今天的工作？一头栽进工作中乐此不疲？

你也可能没有心情想自己应该做些什么，一大早就没有精神，做着乏味的工作，毫无乐趣可言。

凡诺·渥非是个极为杰出的教练，几位高中生经过他的调教，打破了全国纪录。

渥非训练选手，同时激发他们身心的能量。"如果你相信自己做得到"，渥非说，"绝大多数的情况下是可以的"。

肉体和意志都可以产生能量，潜意识的力量无穷。在一场车祸中，丈夫被压在车轮下，娇小的妻子在千钧一发时，抬起车轮救他出来！发疯的人受到潜意识中的野性所驱使，可以产生在正常时无法想象的力量。

罗杰·班尼斯特在1954年5月6日打破四分钟跑完一公里的纪录。他同时训练自己的意志和肌肉，完成运动界长久的梦想。他用几个月的时间，让潜意识相信这是可以打破的纪录。人们认为四分钟是一个极限，不可能超越；罗杰·班尼斯特却认为那是一个门槛，一旦超越，他自己及许多跑者就能不断突破纪录。

罗杰·班尼斯特打破四分钟跑完一公里的纪录之后，他自己和其他跑者，继续突破此项纪录：1958年8月6日在爱尔兰都柏林的一项比赛中，五名跑者都在不到四分钟的时间内跑完一公里！

罗杰·班尼斯特成功的秘诀，来自伊利诺伊州州立大学体能实验室的主任汤玛斯·柯克·克尔顿博士。克尔顿博士对于人类的体能，提出革命性的观念，对于运动员与非运动员都同样适用，可以使跑者跑得更快，一般人更长寿。

克尔顿的理论主要是根据两个原理：

（1）训练全身；

（2）把自己推到耐力的极限，延伸极限。

"打破纪录的艺术"，他说，"是让自己多发挥一些"。

克尔顿博士在欧洲运动明星的体能测验中结识罗杰·班尼斯特。他注意到罗杰·班尼斯特的体格有几项优势，例如，他的心脏与身体的大小比例，比一般人大25%。罗杰·班尼斯特接受克尔顿的建议，作全身的训练。他用爬山训练意志力，练习克服障碍。

同样重要的是，他学会把大目标打破成小目标。罗杰·班尼斯特的方法是，一次跑四分之一公里，训练自己跑得更快。先冲刺四分之一公里，然后绕着跑道慢跑休息，再冲刺四分之一公里。目标定在五十八秒内跑完四分之一公里，五十八秒乘以四是二百三十二秒，也就是说三分五十二秒。每次都练习到筋疲力尽为止，经过多次的练习，他以三分五十九秒六跑完一公里。

克尔顿博士告诉罗杰·班尼斯特："身体忍耐愈多，愈能够忍耐。"他说："训练过度"或"疲乏"都是无稽之谈。

但是他强调，休息和运动同样重要。身体需要在每次耗竭之后，重建更大的能量。肉体和意志都会在休息的期间自我充电，如果你不给它足够的机会，可能导致严重的伤害，甚至死亡。

能量太低时，必须以放松、娱乐、休息及睡眠再充电。以下是能量的测试表，当你感觉能量逐渐枯竭，就应该进行自我测试。若出现下列的情形，就是需要充电：

不正常的倦怠感；

暴躁、多疑；

紧张、忧虑、恐惧、嫉妒、自私；

情绪化、沮丧或挫折。

身体和意志有足够的能量，才会有积极的态度，反之亦然。疲倦时，原先积极、正面的情绪、思想及行为，很容易转变成消极、负面的情绪思想及行为。有了足够的休息和健康的身体，这些都会恢复正常。疲倦会使你最不良的内在显现出来。当能量恢复到正常的标准，处于最佳状态时，你的思想和行为都是积极的。

同时训练肉体和意志，才能激发最大的能量。肉体需要均衡、健康、营养的饮食；心灵需要励志及宗教书籍的鼓舞。

身心的健康都需要维他命。前任印第安纳州美国农场研究协会主任研究员乔治·史卡塞斯博士说，非洲有一个部落居住在离海岸不远处，比内地类似的部落更进步，族人的身体更健壮，头脑也更敏捷。主要的差异在于饮食不同，内地的部落饮食缺乏足够的蛋白质，而居住在海岸边的部落，可以捕到足够的鱼类作为食物。

克劳伦斯·米尔斯在《气候造就人类》一书中写道，美国政府发现，巴拿马州处于巴拿马海峡附近，这里有些居民的发育较为迟缓。科学家发现，他们所赖以维生的植物及肉类，都缺乏维生素 B。在他们的饮食中加入维生素 B_1，情况就获得改善。

如果你怀疑自己的饮食中缺乏某种维生素，应该设法改善，最好请教医师或营养师，接受专业的咨询。

潜意识也同样需要心灵的维生素，并且可以无限量吸收及储存，释放无限的能量。不要让无谓的负面情绪造成能量短路。

已故的威廉·兰吉雅是《无限的成功》主编，他说，无谓的情绪困扰，包括忧虑、怨恨、恐惧、怀疑、愤怒，都会浪费能量。

"这些被浪费的能量，应该转换为创造性的能量"。他还说："失败者所消耗的能量，并不少于成功者。"

高尔夫冠军汤米·波特经常浪费能量。如果他多打一杆，就会大发雷霆，时常气得把球杆扔进树林里。后来，读到圣法兰西斯·阿西提著名的祈祷辞"改变我所能改变的，接受我不能改变的，给我智慧分辨两者的不同"，他把这段话摘录成一张卡片放在口袋里，随时提醒自己，把这些被浪费的能量应用到最有利的方向。

人类是唯一能够利用意识控制情绪的动物。例如恐惧，在某些情况下是必要的。小孩子如果不怕水，溺死的机会会增加。但是，当你发现恐惧于事无补，在你感到害怕、需要勇气时，表现得勇敢，就会变得更勇敢。

澳洲的道恩·弗瑞雪生长在偏僻荒芜的郊区。弗瑞雪患有贫血，但是她立志要赢得游泳冠军，最后终于成为世界顶尖的游泳女将。她在结束卡地夫的比赛返家途中，看了《思考与致富》一书。"我重新思考长久以来的梦想——在六十秒内游完一百公尺，成为全世界最快的游泳女将。从那时开始，打破纪录的念头在我的心中熊熊燃烧着。我把它当成最大的目标。"

弗瑞雪不只训练自己的体力，并且训练意志力。此时她尚未突破纪录，却已经一再逼近。她优异的表现，使得澳洲的教练争相阅读拿破仑·希尔的著作。

"顶尖的教练一直追求更好的方法，让他们的冠军选手再进步一点。现在一般的训练项目中，都加入美国专家新的激励方法。运用拿破仑·希尔的技巧，让选手参加成功法则的训练课程，学习正确地运用这些法则。"

【感悟箴言】

如果把潜意识比喻成一辆汽车的话，那么意识就是驾驶，汽车的动力在车内而不是在驾驶身上，要驾驶就必须学习导引这股力量。

你的思想、感受、力量、爱心和心中的美都产生于潜意识。虽然它是无形的，却又有实在的力量。你可以通过它来为你解决任何难题。你的潜意识中沉睡着无穷的智慧和力量，正等着你去开发和利用。

只要你敞开心胸，潜意识就会让你获得新的感受、新的想法、新的发现，让你去创造全新的生活。它所赋予你的和向你展示的一切都是生命的真实内涵。

能力在于挖掘

据美国某心理学家的研究报告说，几乎所有的人都只发挥其能力的百分之十五。

这份报告指出，不能发挥其余百分之八十五的力量之因在于恐惧、不安、自卑、意志薄弱及罪恶感，将所有的原因综合起来，可以说是"与外界的不调和"，因为不能包容外界，则等于是替自己的能力踩了刹车。

与外界的调和能使自己的能力发挥到淋漓尽致的地步，相信读者很容易便能了解这一个法则，因为所谓创造的行为，是向着外界去发挥，所以一旦能和外界和合时，自然产生优良的结果。以网球比赛为例，还在考虑胜败，估计双方力量的选手，心中已经存在了对立感情的疙瘩，所以不能发挥潜力。一定要超越那些估计，和外界合为一体时，才能引出潜在能力。

一个非常有趣的法则：凡是在下棋时，对他的对手抱有对立感情，赢了就觉得快乐的人，他们的进步都很有限，相反地，能和对手和合，不在乎胜败，只求下出正确的棋着并在其中寻求创造之喜悦的人，都能充分地引出他们的潜能，进步神速。这种不把象棋的胜负当作一种争斗，只把它当成"问答"。如果有两个人，他们天生素质相等，但他们所采取的奕棋态度彼此不同，那么不久之后，他们二人的棋力也必有天壤之别。

能包容对方的人才是强者！

这不是一个有趣的法则吗？连象棋这种具有严格规则的游戏都有这种结果，更何况是在实际人生这种复杂多变的场所中。

奕棋中的这两种态度，也能充分地显示"取"与"造"两种生存态度。为了取得目的而拼命的人，他们自以为是在踩油门，其实所踩的却是刹车。说到这里，读者必定能充分了解为什么所有的成功者都是彻底贯彻"造"的态度者，这个道理非常简单，一种能力被踩了刹车后，当然不可能有出众的创造行为。

当你放弃将能力视为私有物的感觉时，你就能充分发挥能力。

如果你希望有个创造性的人生，别的暂且不提，首先你就得做个"不怕失败的人"。乍看之下，这似乎和"无所不能"的命题相矛盾，但是仔细想一想，这是绝对不会的，因为失败和"不能做"不同。此外，失败和成就并不是互相对立的，它可说是达到成就的中途站。精神上的强者，越是失败，越能在失败中得到教训，并且越能升高创造的热情。所以问题不在于是否会失败，而有于是否遇到一两次失败就感觉受挫折。凡是能包容外界的人，连失败也包容在内，这种人最后必能有所成就的。

【感悟箴言】

潜意识就是大脑中不用通过意识，直接影响你行为的那部分思想。世界级的潜能大师博恩·崔西说："潜意识的力量比意识大三倍以上。"

也就是说，假如能用潜意识来控制我们的行为，会比用意识的力量来得大。当潜意识与意识存在相反的想法时，潜意识通常会战胜。

如果我们能将积极正面的思考输入潜意识，让潜意识来直接影响我们的行为，变成习惯之后，我们自然轻松取得结果。

这就是开发潜意识的重要性。

加强意念

人很容易把自己的能力做不寻常的限定，或者被过去的事情所纠缠束缚。要坚信，限定自己的人是做不到超越现在自己的行为的。

所谓意念有着极为重大的意义。"人之念即为其人"之语，是永远的真理。所以，人们从今以后应该更加运用意念。

特别是用意念的力量去思考，如经济能力、金钱方面出了问题，就要努力地去解决。大家有没有为此烦恼呢？几十年前未能进大学，或未能进高中，这种事情便成为自卑感，很多人是二十年、三十年背着这个自卑感过来。

但是，多数人过了二三十年后，现在仍然还怀有这种自卑感。因学历的不足而不能得到录用，也多少有些无能为力。但拘泥于此，就等于一直给自己贴着这样的标签。只有中学学历而成为伟大人物的人，在世界上可太多了。在他们之中，不会有人这样想自己只是中学的学历，也就只有这种程度的头脑，所以也就只能做这种程度的工作，或者力不能及等等。

有一位负责财务的副总经理，他就是中学的学历，却当上大公司的副总经理，一定是有过对不足部分做补充的努力，毫无疑问，比别人要多一倍，不，二倍、三倍的努力。

因没有上大学而有自卑感的人非常多。特别是在现代社会，会对才智方面抱有强烈的自卑感，把这几十年前的事实，当作自我辩解的全部理由。现在仍然这样想是毫无益处的，以后自己能有什么程度的进步才是胜负的关键。

即使上了大学，通常学年也就是四年。在这短短的四年中，即使怎样努力地学习，也没有什么了不起的。人在四年时间中所能学到的知识，头脑再不好的人，经过十年的努力也是可以学到手的。人在四年能学到的知识是能够掌握的，如果十年还不行，二十年总应该没问题的，二十年的时间是没有学不会的。

所以，确立自信，以后如何去生活，做出成绩是重要的。必须指出，以学历不足作为借口的话，意念也就会停滞。

如果为学历不足而后悔的活，就应该努力补足，为此用充分的时间，去做比常人多三倍左右的努力，一般来说是可以学成的。做不到就是努力不够和信念不坚强，要在自己消极的一面做努力。自卑感是个人所有的，要为消除这种自卑感做努力，自卑感才会真正消失。所以，学历不足的人的特征，一般可以指摘出来的也只有这一点。如果说有什么不足的话，就是缺少综合性的思想、整体的观察方法。这是为什么呢？学校毕业后便就职于某种行业，是专门的职业，或者一直从事于一种行业，所以，养成平时多是只考虑这方面的事情。加上在从事这专业工作之前，缺少培训教养，所以视野狭窄，枝不茂盛，树就不健壮，根就不扎实，这是所欠缺的。

所以，因为才智弱而烦恼的人，在悲叹之前要接受培训教养，放宽视野，要了解更多的事情。这是应该强调的重点，其余方面则是次要的。

以自己的意念认定自己头脑不好，将自己局限起来的人是相当多的。

进入了社会，有许多原来头脑不错却变笨拙之人，或者与此相反，原来头脑不太好却变得聪明起来的人也不少。在今后的十年、二十年间，不去追踪调查的话，自己会有多大变化是不清楚的。

但愿大家不要限定自己，要有信念，把握信念，投身现实，转化为在实际中的努力，便会像登上一层石阶，攀登上绳索一样，一步一步地向上发展。

愿大家能发现"常胜的自己"，必定能够开辟出前程的。

【感悟箴言】

当一个人能够发现自己的优点，改变也就开始了。你越来越喜欢自己，不再厌恶自己，不再做自己的敌人，自我感觉越来越好，自己的优点也逐渐增多了。这种喜欢自己的心态，会让你培养出对外界的积极态度。

播种潜意识

根据科学的方法来设想的话，就会在潜意识中播下好的种子，但是那必须贯彻始终地继续下去才行。强烈的设想虽然会留下痕迹，可是不久就会消失掉。如果能继续设想下去，就会继续不断地在里面深深地刻印下来，而且会很容易地接受它的作用，同时在人生中也能够有意外地发展。

拿破仑·希尔说："潜意识像一块丰富的土壤，只要继续不断地播种，就会在潜意识的土中生根、发芽、成长。"这是用植物来比喻宇宙之心的作用和成效。

潜意识就像这些丰富的土壤，所以我们要拼命播下好种子。

《思考与致富》这本书告诉人们把潜意识的作用和生财的方法连接在一起。希尔说："潜在的意识就和一块沃土一样。如果不播下好种子，就会杂草丛生。"

也就是说，潜意识是一块相当丰富的沃土，所以好种虽然茂盛，相同地，杂草也容易丛生。有不良念想的话，就等于播下了坏种，相反地就会杂草丛生了。

那些不仅仅只是一撮杂草，有时候他们可能会成为一大片丛林，最后成为我们旅途上的阻碍。

【感悟箴言】

如果把心灵比喻为一座冰山，浮出水面的是少部分，代表意识；而埋藏在水面之下的大部分，则是潜意识。人的言行举止，只有少部分是意识在控制的，其他大部分都是由潜意识所主宰，而且是主动地运作，而我们却没有觉察到。

一个人的进化程度，与他运用潜意识力量的能力成正比。

展现你的魅力

在发掘自我优势，实现人生价值时，还得注意那些影响个人发展的负面因素——如不好的习惯、有害的心理、错误的观念等等，通过或消除或改善的方法，使其转化为有利因素。

做个守时的人

范德·比尔特一贯非常守时。在他看来，不准时就是一种难以容忍的罪恶。有一次，范德·比尔特与一个请求他帮忙的青年约好，某天上午的 10 点钟在自己的办公室里见那位青年，然后陪那位青年去会见火车站站长，应聘铁路上的一个职位。到了这一天，那个青年比约定时间竟迟到了 20 分钟，所以，当那位青年到范德·比尔特的办公室时，范德·比尔特先生已经离开办公室，开会去了。

过了几天，那个青年再去求见范德·比尔特。范德·比尔特问他那天为什么失约，谁知那个青年人回答道："呀，范德·比尔特先生，那天我是在 10 点 20 分钟来的！"

"但是，我们约定的时间是 10 点钟啊！"范德·比尔特提醒他。

那个青年支支吾吾："迟到一二十分钟，应该没有太大的关系吧？"

范德·比尔特先生很严肃地对他说："谁说没有关系？你要知道，能否准时赴约是一件极紧要的事情。就这件事来说，你因不能准时已失掉了拥有你所向往的那个职位的机会。因为就在那一天，铁路部门已接洽了另一个人。而且我还要告诉你，你没有权力看轻我的 20 分钟时间，没有理由以为我白等你 20 分钟是不要紧的。老实告诉你，在那 20 分钟的时间中，我必须赴另外两个重要的约会，我也不能让别人白等。"

【感悟箴言】

　　要做到守时，就要养成对任何约定的事都按时办的习惯。准时的习惯也像其他的习惯一样，要早日加以训练。纳尔逊侯爵曾经说过："我的事业要归功于总是提早一刻钟的习惯。准时是国王的礼貌、绅士的职责和商人的必要习惯，是处世交友的规则。"

整洁的形象很重要

　　莎拉和莫娜是同一天来到一家著名广告公司应聘美编的，单从两个人的作品上看，技术水平不相上下。不过莎拉在思路方面略胜一筹，因为她在佛罗里达做过三年这个行当，刚刚回到北方来，经验相对于才出校门的莫娜自然要丰富一些。两个人一起被通知参加试用，而且结果很明确，只能留下一个。

　　莎拉上班时间从来都是一身T恤短裤的打扮，光脚踩一双凉拖鞋，也不顾电脑室的换鞋规定，屋里屋外就这一双鞋，还振振有词地说："佛罗里达那儿上班的人都这样，再说我这不是穿着拖鞋吗？"不管是在工作台前画图，还是在电脑前操作，只要活干得顺手，一高兴起来准把鞋踢飞。刚开始，同事们还把她的鞋藏起来，和她开玩笑，后来发现她根本不在乎，光着脚也到处乱跑。

　　相反，莫娜是第一次工作，多少有点拘谨，穿着也像她的为人一样——文静、雅致之外，带着少许灵气，她从来不通过奇怪的发型、亮眼妆来标榜自己是搞艺术的，只是在小饰物上展示出不同于一般女孩的审美观点来，说话温温柔柔的，很可爱。

　　有一天中午，电脑室的空气中忽然飘出腥臭味道，弄得一班人互相用猜疑的目光视察对方的脚，想弄清到底谁是"发源地"。后来，大家发现窗台下面有喷喷的响声，原来那里放着一个黑色塑料袋，有胆子大的打开来一看，居然是一大袋海鲜。众人的目光都不约而同地集中在莎拉身上，没想到她坦坦荡荡地说："小题大做，原来你们是在找这个。嗨，这可怪不得我，这里的海鲜只能算是海臭，一点都不新鲜，简直比佛罗里达的差远了。"

这时莫娜端过来一盆水，说："莎拉姐，把海鲜放在水里吧，我帮你拿到走廊去，下班后你再装走。"

莎拉一边红着脸，一边把袋子拎走了。结果呢，试用期才进行了两个月，莎拉就背包走人，尽管她的方案比莫娜做得要好，但是老板不想因为留下这样一个太不修边幅的人，而得罪其他一大批雇员。

临走的时候，老板对莎拉说："你的才气和个性都不能成为你搅扰别人心情的原因。也许你更适合一个人在家里成立工作室，但要在大公司里与人相处，处世得体和合作精神是十分重要的。"

【感悟箴言】

整洁的形象已经越来越被人们所重视，不仅是在公司面试这种初次相识的场合，即使是在大家相识后与人相处的过程中也要注重外表形象。因为不论我们多么强调内心，人总是首先从外表认识他人。而印象如此重要，以至于会影响日后的交往，除非发生什么特别的事情，否则很难改变。莎拉过于随意的作风已经给身边的人带来不便，结果可想而知了。在注重细节的企业中上班，这一点更加重要。

不要缩短你的生命

一位担任美国一家著名跨国企业亚洲区顾问的老人退休了。两个年轻人去拜访他。老人尽管已经年过六十，但精神矍铄，思维敏捷。他广博的知识和超前的思维让年轻人也自叹不如。老人善于预测经济形势，曾经很多次把企业从可能爆发的危机中解脱出来。一个年轻人笑着请老人给他预测一下人生。老人问他想预测哪一方面的。年轻人伸出手掌给老人看，说："很多人都说我的生命线很长，特别长寿，您看看呢？"

老人看了一眼年轻人的手掌，反问道："你知道构成人体组织的最小单位是什么吗？"年轻人疑惑地说："是细胞吧？"老人说：

"不对。细胞并不是最小的单位，它是可以再分的。生物学家已经发现，构成人体组织最小的单位是 DNA，目前已经破解的 DNA 组合已达两亿，按照 DNA 的组合推算，人的寿命应该是 1200 岁。"

年轻人大吃一惊，不解地问："如果真是那样的话，为什么现实生活中却很少有人活到 100 岁呢？"

"因为生命有折损，我们每一天的日常行为都是对 DNA 的折损。我们说话、工作、吃饭、思维，每时每刻都在消耗着生命中的 DNA，这使我们的生命达不到生命应有的长度。"

"那就是说。如果我们什么也不做，一点也不消耗 DNA，我们就可以活到 1200 岁了？"

"理论上是这样的，但是现实中是无法实现的。因为我们不可能不消耗，活着就要消耗，吃饭、睡觉这些维持生命最基本的成本就是消耗。即使我们不工作，我们也不可能不消耗。"

年轻人被这番话惊呆了。原来维持现有的生命是以牺牲未来生命为代价的，活到 100 岁的人是以牺牲掉未来的 1100 岁的生命为代价的。这是多么昂贵的代价！

老人仍旧侃侃而谈："所以，按照消耗掉的 DNA 计算。那些著名的科学家取得成就是正常的，并不是因为他们特别伟大，其实我们也完全可以做到。我们没有做到，按说应该比他们消耗的 DNA 少许多。所以，我们应该活到 200 岁以上。"

"可是为什么我们并没有活那么久，甚至比他们活得更短？"年轻人更加疑惑。

"答案只有一个，那就是我们和他们消耗了同样多的 DNA，甚至我们消耗的更多，但是我们并没有把我们消耗的 DNA 投入到有益的事业中去，而是用在了无谓的事情上，我们的生命就是这样被缩短了。"

【感悟箴言】

我们的生命都是有限的。如果把自己的时间都投入到无谓的事情中去，那么不但不能产生收益，延展我们生活的空间，反而会成为对生命最无益的消耗，也就是在缩短我们的生命。怎样让我们牺牲掉的生命发挥最大的价值，是值得我们每一个人认真思考的课题。

为自己工作

杰克在一家贸易公司工作了一年，由于不满意自己的工作，他怨怨地对朋友说："我在公司里的工资是最低的，老板也不把我放在眼里，如果再这样下去，总有一天我要跟他拍桌子，然后辞职不干！"

"你把那家贸易公司的业务都弄清楚了吗？做国际贸易的窍门完全弄懂了吗？"他的朋友问道。

"还没有！"

"我建议你先静下心来，认认真真地工作，把他们的一切贸易技巧、商业文书和公司组织完全搞通，甚至包括如何书写合同等具体细节都弄懂了之后，再一走了之，这样做岂不是既出了气，又有许多收获吗？"

杰克听从了朋友的建议，一改往日的散漫习惯，开始认认真真地工作起来，甚至下班之后，还常常留在办公室里研究商业文书的写法。

一年之后，那位朋友偶然遇到他。

"现在你大概都学会了，可以准备拍桌子不干了吧？"

杰克笑着回答："可是，我发现近半年来，老板对我刮目相看，最近更是委以重任，又升职、又加薪。说实话，不仅仅是老板，公司里的其他人都开始敬重我了！"

【感悟箴言】

如果人人都能从内心深处承认并接受"我们在为他人工作的同时，也在为自己工作"这样一个朴素的理念，责任、忠诚、敬业将不再是空洞的口号。

在工作中，不管做任何事，都应将心态回归于零。把自己放空，抱着学习的态度，把每一次都视为一个新的开始，一段新的经验，一扇通往成功的机会之门。千万不要视工作如鸡肋，食之无味，弃之可惜，结果做得心不甘情不愿，于公于私都没有裨益。

马克思戒烟

马克思原来烟瘾很大，他的烟是不离口的。有一次，他曾对拉法格说："《资本论》的稿费甚至不够付我写它时所吸的雪茄烟钱。"他抽烟就像干别的事情一样又快又猛。他经济条件也不很宽裕，所以总是挑比较便宜的雪茄来买。抽烟时有一半是放在嘴里咀嚼的，说这样可以提高烟的作用，或者说获得双倍的享受。

后来，马克思又发现了一种价钱更便宜的烟，于是他发挥了政治经济学上的节约才能，向周围友人阐述他的理论。他说，他每抽一盒烟就"节约"1个半先令。因此，他抽得越多，就"节约"越多。如果他能一天抽一盒烟，必要时就可用"节约的钱"作一天的开销。为了这个"节约学"，他消耗了极大的精力并做出了牺牲。几个月以后，家庭医生不得不采取行动，严厉禁止他再用这种"节约"的方法来改变境况。

1881年夫人燕妮的死和1883年长女小燕妮的死，给了马克思两次致命的打击，使马克思早被经年累月的过度疲劳所损害的体质无法再恢复健康了。后来，医生禁止马克思抽烟。对马克思来说，戒烟是一种莫大的牺牲。然而连马克思自己似乎也不大相信，他嗜烟成癖，竟真的还能把烟戒掉了。

【感悟箴言】

某些习惯对人的影响是可笑的，甚至是消极的。人们经意或不经意地养成了一些不良的习惯，这些习惯又成了他们生活中自然而然的一部分，很多时候，他们会不自觉地做出一些连自己都感到困惑的事情。然而，任何习惯也都是可以改变的。只要心中唤起强烈的意识，就没什么做不到的事。我们必须抛弃以往的不好的习惯，培养一点新的良好的习惯！

塑造新的行为习惯

点金石是一块小小的石子，它能将任何普通金属变成纯金。据流传久远的羊皮卷上说：点金石就在黑海的海滩上，和成千上万的与它看起来一模一样的小石子混在一起。

《羊皮卷》上还记载另外一个秘密：真正的点金石摸上去很温暖，而普通的石子摸上去是冰凉的。有一个人不知道从哪里得到了这个秘密，他购买了一些简单的设备，在海边搭起帐篷，开始一个一个检验那些石子。

海滩布满了各种各样的石头。对此，他十分清楚和明智，一旦捡到的石子摸起来是冰凉的话，他就扔进大海里。

捡石头，扔石头。就这样重复干了一整天，也没有摸到一块温暖的石头。但是他似乎并不气馁，依然坚持干了一个星期、一个月、一年、三年。但是他还是没有找到点金石。

点金石就像一颗希望之星，激发了他无限的热情，使他能继续这样干下去。捡起一块石头，是凉的，将它扔进海里，又去捡起另一颗，还是凉的，再把它扔进海里。

但是，有一天上午，他捡起了一块石子，而且这块石子是温暖的……他随手就把它扔进了海里——他已经习惯于扔石头的动作，以至于当他真正想要的东西到来时，他还是将其扔进了海里！

【感悟箴言】

习惯不是不可改变，但得承认习惯是难于改变的：原因在于习惯本身的一种惯性力量让我们很容易沿着已经形成的路径行动；另一方面，从人性本身来讲，自己与自己竞争是最难的。当意识到我们的习惯已经影响到信仰的履行、工作的开展，或是成为我们持续成长的障碍时，这说明问题比较严重了。告别不良习惯，必须痛下决心，从内心深处认识到严重性，之后改变原来的思维方式，在日常的生活、工作中时时提醒自己，才能够塑造成新的行为习惯。

一个印度人的付出

一个印度人流浪到英国，举目无亲，落魄街头。三个月了，他依然奔波在求职的路上，而每次都会因为他没有文凭、其貌不扬而被拒之门外。有一天，他来到一家饭店，恳求饭店经理收留他。饭店由于经营惨淡，面临裁员的问题，经理在他苦苦哀求下接纳了他，让他负责二楼洗手间的卫生。面对这份特殊的工作，这个印度人有一种特别的爱。

工作第一天，他发现洗手间由于长时间没有打扫，里面的灯也坏了，黑乎乎的，臭气熏天。他马上从仓库找来新的灯泡，于是洗手间亮了起来；他甚至跪下来用抹布一遍又一遍地去抹地板，用刷子去刷马桶，连缝隙也不放过。他找来了一块镜子镶嵌在洗手间，搬来了一盆夜来香，并点燃了。他找来了破旧的音箱安装在洗手间的角落里。洗手间在这个印度人的美化下完全变了样子。

两个月后的一天，饭店来了几位客人，其中一个人去洗手间，当他推开洗手间的门时简直不相信自己的眼睛，还以为走进了董事长的办公室。后来开始坐在马桶上享受，看到的是朦朦胧胧的灯光，闻到的是沁人心脾的清香，听到的是浪漫悠扬的萨克斯，由于中午多喝点酒，不知不觉他竟然坐在马桶上睡起觉来……

后来，这个客人迫不及待地把他的奇遇和乐趣告诉给他最好的一个朋友，也来享受这个特别的洗手间。一传十，十传百，渐渐地，在这个小镇上，人们都知道这条街上有一家饭店，那里的洗手间最值得一去。于是，这家饭店的人气越来越旺，生意也越来越好，好多客人为了去洗手间才来这家饭店。

四个月后，董事长来饭店视察工作，了解这种情况后，马上让经理把这个印度人叫到办公室，董事长老泪纵横，百感交集地说："你是我公司最优秀的员工，你如此的付出和用心。我任命你当这个饭店的总经理！"

【感悟箴言】

成功的女神为何迟迟不来？或许成功的女神早已来临，只是你没有发现。想一想，你会发现自己在某些方面是成功的。或许你对成功抱有一种急切的心态，导致一种偏见的心理，这样反而会阻碍你的成功。无论什么事都需要一个过程，况且，很多人都是把别人眼里卑微的小事做成了辉煌事业。

自己要看得起自己

如果我们自己对自己都没有好的评价，还能期望别人对我们有好的评价吗？别人对自己的评价会通过言行举止泄露给与他交往的人，从而形成别人对他评价的基础。所以，要让别人喜欢你、信任你，你必须首先自己肯定自己，自己喜欢自己，自己信任自己。

有一对孪生姐妹，姐姐特别漂亮，妹妹则长相一般。从小，家里人和邻居亲友都特别宠爱姐姐，夸赞姐姐长得像电影明星，而忽视了妹妹。久而久之，妹妹产生了自卑心理，每天早晨一照镜子，就厌嫌自己的长相，并因此觉得自己什么都不好，羞于到外面去和别人交往。而别人从她的这些行为中觉得她是一个孤僻古怪的女孩，不善言谈，没有少女应有的青春气息，也愈加漠视她。

后来，姐妹俩都考上大学，在不同的城市读书。妹妹在一个新的环境里，结识了许多新的同龄人，由于没有姐姐漂亮对她造成的暗示作用，妹妹变得较为开朗，和同学们都很谈得来。在交谈中，同学们发现她知识特别丰富，而且分析问题、处理问题的能力也很强，都很喜欢她，乐于和她交往。而妹妹似乎不再只注意自己不如姐姐长得漂亮这一点，逐渐发现了自己的许多优点，变得较为自信。

假期回家后，妹妹不再躲在自己的小屋里，而是饶有兴趣地向大家讲述学校里的趣事，结果，大家都夸她很有见识，能说会道，还很幽默。以后再有亲友来访，都主动询问妹妹在不在家，并邀请妹妹去他们家做客。姐姐惊奇地说妹妹像换了一个人似的，不仅性格大变，而且比以前漂亮了。

为什么同样一个人，前后会相差那么大呢？是她真的变漂亮了吗？当然不是，众人对她从漠视到喜爱、关切，主要是因为她对自己前后不同的心理暗示，影响了她的行为和别人对她的看法。亲友们从她的身上，发现的是自信、快乐、热情和乐于与人交往的信号，而不是以前的自卑、忧郁、拒绝交际的信号，因此乐于与她交往，并开始喜欢她。

肯定自己，喜爱自己，这是社交成功的基础。

喜欢你自己，因为你是自然界最伟大的奇迹，你是独一无二的。你有许多缺点，这是每个人都会有的；你有许多优点，这些优点不是每个人都会有的，而且，你是独一无二的，你的心是独一无二的，你拥有这个世界上独一无二的智慧、独一无二的言行举止。你不漂亮，但你灵巧的双手可以编织出最漂亮的饰物。你没有考第一，但你可以把王子与公主的故事讲得栩栩如生、如泣如诉。你不健谈，但你温柔的笑容可以给人最强有力的支持和最温暖的安慰。你确实是一个很特别的人，值得自己珍惜，足够赢得朋友的友情和尊重。

千万不要把你的优点埋藏在不为人知的地方。你不漂亮，但有嘹亮的歌喉，那就大大方方地在元旦晚会上放歌一曲，你会觉得自己很棒的。你是一个因为可爱而美丽的女孩，虽然班花吉娜比你漂亮，但她没有你的美妙歌声，也没有你博学多识。所以，你喜欢的帅哥大卫也会喜欢你的，这不是什么不可能的事情，你可以试着向他表白，这样，至少他还会发现你是一个勇敢热情的女孩。

人们有权利按照我们看待自己的眼光来评价我们。一旦我们走出房门，人们就会从我们的脸上、从我们的眼神中去判断，我们到底赋予了自己多高的价值。很多人都相信，一个走上社会的人对自己价值的判断，应该比别人的判断要更准确、更真实。

有一个寿险业务员，每天戴着一只8克拉的钻戒，那是他与客户洽谈、招揽业务时的幸运符。他的业绩是全公司最好的。有一次，他把钻石送回珠宝公司重新镶过，需要几天的时间才能取回。这一段时间里，他比平时更卖力工作，却徒劳无功。他说，只要他开始向客户介绍产品，他就会不自觉地看到光秃秃的手指，内心似乎有一个声音在说："他不会签，他不会签。"结果，他一张保单也签不成。而等他一拿回钻戒，当天约了6个客户，就签了6张保单！

真的是钻戒起了作用吗？不是，但也是。钻戒不是神奇的幸运符，却给了他积极的心理暗示，增加了别人对他的信心，从而提高了签单的成功率。人之所以会对某件事采取行动，源于心中对某件事寄予一定的希望，而这种希望，会在他的心理上造成一种可行的态势，也会激发并引导他产生具体的行动，让其获得成功的事实暗示，对别人心理造成影响，增加成功的可能性。

如果你认定自己毫无魅力可言，你的表情会失去应有的光彩，你的言行会缺乏热情给予的生动，你的社交又怎能成功？反之，如果你认为自己魅力十足、人见人爱，你的眼睛会闪烁出迷人的光彩，行动更加优雅，语言更加富有感染力，而这一切，会感染你身边的每一个人，让他们被你的魅力所迷惑，会让你像社交明星一样光彩照人。

可是你就是觉得自己不如人，认定自己是四处碰壁的丑小鸭，那又该怎么办呢？说服自己！

（1）寻找自己的优点，不要疏忽任何一点，即使你认为它微不足道，不值一提。从你以前的成功经验里寻找。你从小自卑，不善于和人交往，可是家里的小猫小狗最喜欢你，因为你给它们喂食喂水，清洁卫生，这就说明你很善良，很有爱心，乐于照顾别人，而且做得不赖，还说明你很细心……细心地想一想，你会发现自己的优点不止一箩筐呢，你会发现自己简直是一个可爱的天使，如果是这样，你还不爱自己吗？

（2）了解自己的缺点，注意改正。你说话声音低哑、不清晰，那么找找原因。如果可以纠正，那就尽量纠正，也许需要经过长期的发音训练，但产生功效的那一天终会到来的，为了那一天，吃点苦又算什么。如果是生理原因，也大可不必烦恼，有许多东西可以替代声音的：和朋友相遇时一个真诚的微笑，足以胜过千言万语的问候；一封文笔优美、情真意切的情书，也足以打动你暗恋对象的心；好友聚会，大家侃侃而谈，你享受那一份倾听的愉悦，并且适时送上一杯浓浓的热茶，你虽沉默却不会被忽视。

（3）每天的自我提示法。每天一睁开眼睛，就告诉自己："我是一个魅力十足、人见人爱的社交明星。所有的人都会喜欢我，我很温柔，我很慷慨，朋友们都信任我……我有缺点，但我会努力改正，我今天会是公司最受欢迎的人，今晚的同学聚会中我也会是最有人缘的一个，今天一切都很好，我对自己十分满意……"

【感悟箴言】

自己看得起自己就拥有了两个看得起。

人要自己喜欢自己，而且从某种意义上说，一个人也只要自己喜欢自己就足够了。如果一个人一生中从来没有对自己有过埋怨，始终非常满意自己的话，那么这个人的一生一定是非常美满和幸福的。

让你的性格开朗起来

人们都喜欢个性开朗而不是沉闷忧郁的人，因为你的情绪能感染周围的人，除非你周围的人都是你的敌人，他们嫉妒你的快乐。

你比你想象中的自我伟大得多，你永远没有瞧不起自己的理由，了解这一点，你就不会郁闷，而会开朗地面对人生。

1. 先开口打招呼

你有没有在路上与你认识的人相遇的经历？相信我们每个人都有过这种经历。

在这个时候，你是主动与对方打招呼，还是等对方主动打招呼后才会回应对方？一般来说，你若是先开口打招呼，那么，则可以基本断定：你在多数人心目中是比较开朗的。在欧洲各地的旅馆中，即使是素不相识的人们也都面带微笑，亲切地向他人打招呼，这的确使人感到人性的温暖。

为什么一个简简单单先开口的"嗨"，就能使人觉得这么愉快呢？这是因为打招呼是认可对方、尊重对方的表示。被打招呼者会马上产生一种对方很在乎自己的感觉，一种愉快之感便油然而生。如果不主动先开口而等对方开口之后才去回应，则不会有这种感觉，人家只会觉得你的招呼只不过是礼节性的反应而已，并不认为你尊重他。

如果我们在先开口打招呼的同时，伴上真诚的笑容，给予对方的好印象必然更强。笑容恰恰是亲切的表现。因此，遇见他人时，无论是谁都主动先开口打招呼的人，无异于在他的脸上贴这样一个标签"我能接受每一个人"。这样的人，到哪儿都不会给别人留下坏印象。同时，人们对于他的开朗亲切、心胸宽阔，也必会留下深刻的印象。谁不愿意与这样的人交往呢？

相反，见面不打招呼的人或是等他人打招呼才回礼的人，很可能会给人留下高傲轻慢、不愿与人来往的不好印象，尽管他内心很可能是一个活泼开朗、热情如火的人。

所以说，是否先打招呼，是判定一个人性格开朗或忧郁的一个重要方面，这绝非夸大之辞。不管你本性是否外向，只要你永远抢先一步开口打招呼，你的开朗形象必将大大增强。

2. 将步伐加快三分之一

心理学家认为，缓慢的步伐，与一个人的心理状态有极大关系。因此，有许多人喜欢从他人的步伐中观察他的内心。一般来说，缓慢的步伐表明了他对自己、对外界的一种消极和不愉快的态度，而快速的步伐则相反。如果要让别人觉得你是一个个性开朗、态度积极的人，不妨将你的平常步伐加快1/3。心理学家也告诉我们：可以通过加快你的步伐频率来改变你的心理，进而改变别人对你的看法。

身体动作是思维心理活动的结果，那些怨天尤人、意志消沉的人，走路也必然是无精打采、拖拖沓沓，只能给别人留下无能的印象。平常人的步伐亦很平常，似乎是在告诉别人："我确实没有什么值得自豪的。"作为积极向上的你，一定会通过敏捷矫健的步伐向全世界宣告："我必须尽快到达我的目的地，有很多事情在等着我去处理，更重要的是，我会以最快的时间处理完我的事情。"努力让你的步伐比平常快1/3，你对自己的印象、别人对你的印象必会大大改观。

3. 明白自己是独一无二的

正如世界上没有完全相同的两片树叶一样，也没有两个完全相同的人。多少年以前，多少年以后，都没有另外一个人和你完全相同，如果有也只是克隆人，但他也无法与你形同神同。

美国联邦调查局有上亿的指纹档案，但没有两个指纹是完全相同的。这是无可争议的，这个星球上只有一个你。只有你这样的相貌、你这样的身材、你这样的声音、你这样的个性才能糅合在你的身上，其他任何人都做不到，美国总统也不能做到。从这一点说，你永远都是最具个性的、最优秀的"头号人物"！你应该看重自己、珍惜自己、爱护自己，你永远都是与别人不一样的！你生来与众不同，洒脱地表现出真实的自己，就能给别人留下开朗的印象。

4. 整理服装，调整表情

不少人在生活中有过这样的经历：遇上重要的事情必须与别人会谈之前，会在洗手间里的镜子面前梳理自己的头发、整理凌乱的外衣，或是将领带扯直，并且将表情调整调整。关于这一点，影视明星们的理解是最深刻的，而且身体力行得最完美。他们在上舞台之前，定会请高明的化妆师在其脸上抹来抹去，然后在镜子面前照10分钟，调整出需要的表情来，这才姗姗地走到台前。这也难怪，因为表情就是他们的门面，是他们表演能力的体现，他们要是有所疏忽，非得砸饭碗不可。

虽然我们并不是什么明星，但他们的做法却值得效仿。因为我们每个人都要与他人打交道，明星面对的是成千上万的人，我们普通人虽然不必面对这么多人，但也希望获得别人的赞美和支持，这在本质上没有什么区别。

怎么说呢？人们都以为自己很了解自己，可事实上往往相反，最不了解自己的恰恰就是自己。这里就有一个问题：你知道你的哪种表情最受人欢迎吗？恐怕不是每个人都知道吧。所以说，我们在平常不妨多照照镜子，不断变换自己的表情，请朋友在旁边参谋参谋，选择出一种最受人欢迎的表情来，然后，你就得学会如何在适当的时机自然地流露出这种表情来。因此，与人会面前先对着镜子里的自己笑一笑，调整出最佳表情来，这样，你就会信心倍增，对方也会被你的表情所影响，认为你是个开朗的人。

【感悟箴言】

在社交中，开朗的人永远是受朋友欢迎的人。开朗的魅力是每个年轻人都向往的一种美。

开朗的人往往不计较一时的得失，因为无私的人、乐于奉献的人很少失去，也不会因为失去或获得而悲或喜。

展现你的风采

熙熙攘攘的人群中，总会有人虽也如惊鸿一般飘然而过，却让你久久回首，难忘记；社交聚会中，每个人都明艳照人，使尽浑身解数博取注意力，而有人却独领风骚，让人以为他是一个大人物，急于结交。

在角色多如牛毛的社会舞台上，总有一些人一出场就能赢得满堂彩，一抬首、一顿足就能显出与众不同，惹人注目。而我们大多数人，却仿佛注定了默默无闻，来来往往。只是来来往往，不会令田里的农夫忘记锄地，也不能吸引众多的眼光注目。我们的平凡无奇，仿佛是无力改变的，仿佛就是为了衬托出"红花"的娇艳美丽。

你甘心一辈子只做"绿叶"吗？你难道不想当一回社交圈中的明星，风光一回吗？你难道不想让别人对你过目不忘、艳羡不已吗？

以下就是令你轻轻松松"鹤立鸡群"的一些秘诀，只要你真正掌握，并举一反三，就能实现这些愿望。

1. 善用手势，令别人对你过目不忘

令别人对你过目不忘的第一秘诀是善用手势。

手势是人际交往中不可缺少的动作，是最有表现力的一种"体态语言"。手势语言，可以使所说的话给人以立体感、形象感，帮助对方理解所说内容，还能强化所要表达的感情，激起对方的共鸣；手势语言还能传达有声语言所不能很好传达的微妙感情，令"一切尽在不言中"；同时，还有助于自己在交谈中做到同步思考。

总之，手势若使用恰当，不仅能很好地表情达意，而且能增加你的社交魅力，突出自己的个性。经研究证明，人们更容易记忆自己亲眼看到的动作，而对听到的声音，则因情、因境、因人各有不同，所以，在说话时巧妙地使用手势，更容易给对方留下深刻的印象，令人对你过目不忘。

手势语言动作灵活多变，表达的信息也极为丰富。五指紧握拳并摇动手臂，向上或向前摇动，可以用来表示强烈的要求。掌心向下，并猛烈下压，是一种表示抑制或压制的手势，能给人一种强制性和权威性的感觉。两手掌心向着自己的前胸，好像是在拥抱，可以用来抒发希望得到对方肯定和认可的心情。伸直手掌像刀一样上下斩切，可以在作决定时表示自己的果断和坚决。

掌心向外，用力推出，用来表示拒绝之意。在与对方的交谈处于僵持状态时，五指成尖，仿佛在拿一件小东西，表示心情还比较平静，为了实现与对方的沟通和合作，乐于听取对方的意见。右手或左手伸出大拇指，通常表示对对方的称赞和肯定，是"很棒""极好"的意思。两手十指指尖交叉并拢，放在胸前或桌子上，能让对方感受到自己充分的自信心。恰当地运用手势，可以使你的形象更加生动鲜明，但是，手势的使用应该以帮助自己表达思想为准绳，不能过于单调重复，也不能做得过多。反复做一种手势会让人感觉到你的修养不够，有些神经质；不住地做手势，胡乱做手势，更会影响别人对你说话内容的理解。所以，手势要用得恰到好处，有所节制，否则，就会产生适得其反的

作用。

2. 利用记事本，让别人作出你很成功的判断

也许，你和同事小王每天做同样的工作，拿同样高的薪酬，取得一样的成绩。可是，不知为什么，小王好像就是比你成功，至少，别人是这样以为的，有时，你也会有同感，为什么呢？原来，"成功"不仅是实质的工作、薪酬和成绩，对别人来说，"成功"更加来自你的社交形象，你在社交中的一些能展示"成功"的小细节。而在这些细节表现当中，最具效果的，莫过于随时利用记事本这一"成功"道具。

与人约定时间时，我们一般会有两种反应：一种是表示什么时间都可以，而另一种则表示要翻一翻记事本，看看哪个时间可以。常常对于第一种"友好和善"的人，我们会不置可否，而对于"不近人情"的后者，反而印象深刻，认为对方一定是一个业务繁忙的成功人士。

因为，在人们心目中，成功人士都是很忙的，日理万机，所有的日程一般在几天前就已订好，而且由于所见的人物都非同寻常，要处理的也都是重大事项，不能随便更改。所以，如果你有这些细节表现，人们就会反推出你很成功、很能干。

事实上，"成功"人士就算知道自己某一天有空闲，在与人约定时间时，也会掏出记事本装作要确定自己那天是否有时间，以使对方对他的"业务繁忙""事业成功"留下很深的印象。而且，边看记事本边约定时间，还可以给对方留下做事谨慎，重约守信的好形象。

当我们看到写满姓名、电话、地址及预定行程的记事本时，往往会被它吓一跳，并自然地产生这个人交际很广、工作能力很强的印象。同样，善用这一道具，我们也可以令别人对我们产生这种印象。重要的是，要自然随意地拿出，不能过于做作，让别人看出我们是在"作秀"。

3. 令你魅力倍增的言行

魅力言行之一：谈谈梦想。如你对别人说"我希望将来能住在国外，最好在澳大利亚买一个农场……"虽然有人会觉得你幼稚无知，但一般人都会觉得你天真可爱，充满了浪漫和生活情趣。

而假如你的梦想不只是超现实的幻想，而且是你的人生目标和事业规划，那别人就会觉得你这个人不同寻常，拥有远大目标，总有一天会梦想成真、出人头地。这样的人，难道不是很有魅力的人？

而且，与有"梦想"的人在一起，人们也会感染到他们的积极、乐观和热情，因此，也会乐于和他们接近、相交。

魅力言行之二：来点幽默。具有幽默感，不仅能给你的事业带来极大的好处，而且会使你的形象更有魅力。幽默可以消除紧张情绪，创造一种轻松愉快的工作氛围，从而使你的事业更为成功。它同样也是塑造完美社交形象的一个因素，每当面临人际选择时，绝大多数人都愿意与那些有幽默感的人打交道。

在当今社会中，竞争异常激烈，人际关系日趋复杂，人们的压力和紧张情绪比任何时候都明显，许多人灰心丧气、精神抑郁。在这种时候，幽默感就显得越来越重要。如果你天生就有幽默感，那一定要发扬它，这会令你的社交魅力倍增，人们因此乐于与你共事。

4. 其他引人注目的社交技巧

美国夏威夷大学心理学教授尼鲁·潘斯曾说："引人注目不仅仅是让别人注意你，而且意味着让别人喜欢你。"他认为，只要遵循下列几项建议，你就可以给人留下深刻的好印象。

（1）穿戴色彩动人的服饰。如果你是一位男士，不妨系条鲜艳的红领带，配上灰西装：如果你是一个女士，穿着黑底色的服装，则应系一条艳丽的绿松石围巾。

（2）选择一款特别的香水。人的嗅觉十分神奇，外来的一点点香气，便会给人留下持久的印象。

（3）佩戴一件令人感兴趣且不同凡俗的装饰品。

（4）精神振奋。许多人常常精神萎靡不振，对比之下，人们容易记住精神抖擞的人。

（5）创造略微神秘的气氛。你可以凭借自己的个性或你过去经历的某种有趣的事情做出暗示，造成悬念，不要过早地和盘托出。例如，若你是一位厨师，把话题引到烹调方面，但千万不要宣称你就是厨师。不立即吐露一切的做法，能让别人产生追根问底的欲念，加强对你的注意。

（6）培养一种有趣的爱好，或掌握某方面奇特的知识。比如，如果你对历史上某一时期或某位人物的"野史"了解甚多，甚至会修汽车，都会让别人对你感兴趣。

【感悟箴言】

环顾沧海，你发现，一个泛着激流的时代，是人类生命的春天。你应将岁月的画卷打开，无论在其上画上足球的圆圈，还是折射七彩的三棱镜，抑或描绘出海上日出的激情，或一弯新月的诗意，都是无可厚非的选择。在一个张扬生命力、张扬个性的时代，人生不再千篇一律，而是拥有万紫千红的风采。

拥有助人、宽容之心

人脉资源是一种潜在的财富。即使你拥有很扎实的专业知识，却不一定能够有很好的发展前景，但如果你人缘好，那么你就可能比别人更容易成功。

做人的互助原理

一个暴风骤雨的夜晚，一对上了年纪的夫妇来到一家旅店。他们的行李非常简陋，身无长物。

年老的男人对旅店伙计说："对不起，我们跑遍了其他的旅店，里面住客满了。我们想在贵处借住一晚，行吗？"

年轻的伙计解释说："这两天，有三个会议同时在这个地方召开，所以附近的旅店会家家客满。不过，天气这么糟糕，你们二位一把年纪，没个落脚处也不方便。"

伙计一边说一边把两位老人往里边请："我们的旅店也客满了，要是你们不介意的话，你们就睡我的床吧！"

"那你怎么办呢？"那对夫妇异口同声地问。

"我身体很好，在桌子上趴一会或者在地上搭个铺都不碍事的。"

第二天早上，老人付房钱时，伙计坚持不要，说："我自己的床铺不是用来赢利的，我怎么能要你们的钱呢？"

"年轻人，你可以成为美国第一流旅馆的经理。过些日子兴许我要给你盖个大旅馆。"

伙计听了，只当是一个玩笑，畅怀大笑起来。

两年过去了。一天，年轻人收到了一封信，信里附着一张到纽约的双程机票，约请他回访两年前在那个雨夜借宿的客人。

年轻人来到了车水马龙的纽约，老人把他带到第五大街和第三十四街的交汇处，指着一幢高楼说："年轻人，这就是我们为你盖的旅馆，你愿意做这个旅馆的经理吗？"

不错，这位当年的年轻人就是如今大家都熟识的纽约首屈一指的奥斯多利亚大饭店的经理乔治·波尔特，那位老人则是威廉·奥斯多先生。

【感悟箴言】

做人的互助原理是：你在关键的时刻帮人一把，别人也会在重要时候助你一臂。初看起来这似乎是等价交换，然而，不管你是一个什么样的人，都不可能孤独一人打拼天下，尤其是要使自己的人生局面推广开来，更离不开与各种各样的人打交道。要想让别人将来帮助你，你就必须先付出精力去关心别人、感动别人，这样才能赢得别人的回报。因此，高明的为人技巧就是急人之难，解人于危难之中。

另一种被人尊重的形式

吉姆·佛雷 10 岁那年，父亲就意外丧生，留下他和母亲及另外两个弟弟。由于家境贫寒，他不得不很早就辍学，到砖厂打工赚钱贴补家用。他虽然学历有限，却凭着爱尔兰人特有的热情和坦率，处处受人欢迎，进而转入政坛。

他连高中都没读过，但在他 46 岁那年就已有四所大学颁给他荣誉学位，并且高居民主党要职，最后还担任邮政首长之职。

有一次记者问起他成功的秘诀，他说："辛勤工作。就这么简单。"记者有些疑惑，说："你别开玩笑了！"

他反问道："那你认为我成功的原因是什么？"

记者说："听说你可以一字不差地叫出 1 万个朋友的名字。"

"不，你错了！"他立即回答道，"我能叫得出名字的人，少说也有 5 万人。"

这就是吉姆·佛雷的过人之处。每当他刚认识一个人时，他定会先弄清他的全名，他的家庭状况，他所从事的工作，以及他的政治立场，然后据此先对他建立一个概略的印象。当他下一次再见到这个人时，不管隔了多少年，他一定仍能迎上前去在他肩上拍拍，嘘寒问暖一番，或者问问他的老婆、孩子，或是问问他最近的工作情形。有这份能耐，也难怪别人会觉得他平易近人、和善可亲。

吉姆很早就已发现，牢记别人的名字，并正确无误地唤出来，对任何人来说，都是一种尊重、友善的表现。

【感悟箴言】

人们大多希望别人记住自己的名字，好像这也是一种被人尊重的形式。所以，记住别人的名字是通向良好人际关系的开始。在公众场合，如果能够记住别人的名字并轻松地叫出来，就等于巧妙而有效地恭维了别人。如果忘记或者叫错了人家的名字，你便把自己放到了十分不利的位置。

一杯牛奶

罗伊小的时候家里很穷，为了攒够自己上学的学费，就去挨家挨户地推销商品。一天，罗伊十分劳累，已经一整天没有吃东西了，感到十分饥饿，可是摸遍全身，只找到一角钱，这点钱根本不够吃饭，怎样办？他决定向下一户人家讨口饭吃。为他开门的是一位美丽的姑娘，他看到这位年轻美丽的女子时，却有点不知所措了。为了维持自己仅剩的一点尊严，他没有要饭，只是要了一杯牛奶。女子看到他十分饥饿的样子，就送他一大杯牛奶喝。罗伊慢慢地喝完牛奶，问道："我应该付多少钱？"年轻女子回答："一分钱也不用付。因为妈妈从小就教导我，要对所有的人都充满关爱，做力所能及的事，并不图回报。"

罗伊说："既然你这么说，那么，就请接受我由衷的感谢吧。"说完罗伊离开了这户人家。走出门来，他感到自己浑身充满了力量，上帝好像正朝他点头微笑，一股男子汉的豪气顿时迸发出来。本来，他是想退学的，但他现在改变了看法。

数年之后，那位年轻美丽的女子患了一种十分罕见的疾病，当地的医生对此束手无策。她被转到大城市医治，由专家会诊治疗。如今，那个小罗伊已是一位大名鼎鼎的医生了，他也参与了这次医治，当看到病历上所写的病人的经历时，很是佩服这位患者。面对这种令人难以忍受的痛苦，常人很早就放弃了，而她从未放弃过希望。这个女孩顽强的求生欲望感染了他，一个奇怪的念头霎时闪过他的脑际，他马上向病房奔去，来到病房，他一眼就认出在床上躺着的病人就是曾经帮助过自己的恩人。

回到办公室，罗伊暗暗下了决心："我一定要竭尽所能治好恩人的病！"从那天起，他就特别关照这个病人。经过努力，手术成功了。但却花去了巨额的医疗费用，他毅然在高额的医药费通知单上面签下了自己的名字。

当医药费通知单送到这位特殊的病人手中时，她不敢看，因为她确信，治病的费用将会花去她的全部家当。最后，她还是鼓起勇气，看了医药费通知单，发现旁边写着一行小字："医药费是一杯牛奶。"

【感悟箴言】

帮助别人，有的时候就是帮助了自己。善良是可以储存的，付出多少，就能回报多少，甚至还有利息。与人方便，自己方便。当然，帮助别人如果是抱着贪图回报的目的，那么也肯定事与愿违。

幽默的哲理与启迪

在南部非洲发展共同体首脑会议上，曼德拉出席并领取了"卡马勋章"。接受勋章的时候，曼德拉发表了精彩的讲演。在开场白中，他幽默地说："这个讲台是为总统们设立的，我这位退休老人今天上台讲话，抢了总统的镜头，我们的总统姆贝基一定不高兴。"话音刚落，笑声四起。

笑声过后，曼德拉开始正式发言。讲到一半，他把讲稿的页次弄乱了，不得不翻过来看。这本来是一件尴尬的事情，但他却不以为然，一边翻一边脱口而出："我把讲稿的次序弄乱了，你们要原谅一个老人。不过，我知道在座的一位总统，在一次发言中也把讲稿页次弄乱了，而他却不知道，照样往下念。"这时，整个会场哄堂大笑。

结束讲话前，他又说："感谢你们把这枚用一位博茨瓦纳老人的名字（指博茨瓦纳开国总统卡马）命名的勋章授予我这位老人。我现在退休在家，如果哪一天没有钱花了，我就把这个勋章拿到大街上去卖。我敢肯定在座的一个人会出高价收购的，他就是我们的总统姆贝基先生。"这时，姆贝基情不自禁地笑出声来，连连拍手鼓掌。会场里掌声一片。

【感悟箴言】

笑是人类具备的一种特殊的本能。但任何一个人都不可能随时在笑，笑只是在一定条件作用下才会发生的，而幽默正是引发笑的动力。但如果目的仅是逗大家一笑，那这不算真正的幽默，因为幽默还要使人们在笑过之后能够得到某种哲理和启迪。

学会宽容

一天，美国特级试飞员胡佛驾驶着一架新式战斗机，在升空的刹那间，他猛然感到机身有异样的抖动。尽管这个"庞然大物"还是在惯性的作用下慢慢钻进了云层，但这位王牌飞行员心中出现了不祥的预感。他有过几千次的试飞经历，非常相信自己的直觉。

不出所料，仪表盘上一盏盏醒目的红灯亮起，飞机突然变得悄然无声并急速下坠。刚刚还是宛如飘带的河流，现在能看到河水在翻滚；刚才还酷似火柴盒的建筑物，现在似乎伸手可及……情况万分危急，可怕的空难顷刻间就会发生。

面对死神，胡佛心中默念着两个字——冷静。作为肩负重任的试飞员，他深知新战机是投资上亿美元、耗费无数人智慧和心血换来的成果。凭着令人难以置信的镇静和丰富的经验，胡佛在千钧一发之际扭转了乾坤。奇迹终于发生，漫长的几秒钟后，已经停止工作的发动机再次响起轰鸣声。在引航员的指挥下，胡佛化险为夷，驾驶战机迫降成功。

胡佛稳步地从舷梯上走下，地勤人员奔了过去。一个名叫戴维的机械师跑在最前面，他泣不成声地拥抱着自己的老伙计。原来是因为他一时疏忽，在这架新式战斗机里错误地加进了轰炸机的油料，差一点酿成机毁人亡的悲剧。

知道事情的经过后，胡佛没有对与自己合作了10余年的战友多加指责。"老伙计，一切都过去了，振作起来，不要为无意的过错责怪自己了。"他亲切地拍拍戴维的肩膀，说："我完全相信你，以后只要是我飞行，一定继续请你'加油'！"

【感悟箴言】

人在社会交往中，吃亏、被误解、受委屈一类的事总是不可避免的。面对这些，最明智的选择是学会宽容。宽容不仅仅包含着理解和原谅，更显示出气度和胸襟、坚强和力量。愈是睿智的人，愈有宽广的胸怀。不肯原谅别人的人，就是不给自己留有余地。须知每一个人都会有需要别人原谅的时候。

要善于给别人面子

沃恩每年都会受邀参加某学会的杂志评审工作，这个工作虽然报酬不多，但却是一项荣誉，很多人想参加都找不到门路，也有人只参加过一两次，就再也没有机会了！沃恩年年有此"殊荣"，让大家都羡慕不已。

他在年届退休时，有人问他其中的奥秘，他微笑着向人们揭开谜底。

他说，他的专业眼光并不是关键，他的职位也不是重点，他之所以能年年被邀请，是因为他很给别人"面子"。他在公开的评审会议上把握一个原则："多称赞、鼓励，而少讲批评非难之言。但会议结束之后，他会找来杂志的编辑人员，私底下告诉他们编辑上的缺点。"

因此，虽然杂志有先后名次，但每个人都保住了面子。也正是他顾虑别人的面子，因此承办该项业务的人员和各杂志的编辑人员，大家都尊敬他、喜欢他，当然也每年找他当评审了！

【感悟箴言】

年轻人容易犯的毛病是：自以为有见解，自以为有口才，逮到机会就大发宏论，把别人批评得脸一阵红一阵白，他自己则大呼痛快。其实这种举动正是为自己的麻烦铺路，他总有一天会吃到苦头。

事实上，给人面子并不难，大家都在社会丛林里讨生活，给人面子基本上就是一种互助。尤其是一些无关紧要的事，你更要善于给人面子。

学会体谅别人

康娜的弟弟杰恩斯是初出茅庐的画家，居住在西班牙的马约尔加岛。那是康娜母亲到西班牙看望弟弟要返回美国那天发生的事情。

一大早，母亲和弟弟气喘吁吁地把两个大旅行箱从那座具有200年历史的古老公寓的四楼搬下来，他们把旅行箱放在几乎无人通过的路边，坐在箱子上等出租车。

马约尔加岛不是大城市，出租车不会经常往来，当然也无法通过电话叫车，只能在路边等着。谁也不知道出租车何时能来。

康娜的弟弟因为已在岛上住了 3 年，很了解这种情况，所以显得坦然自在。马约尔加岛的生活与华盛顿快节奏的生活截然不同。

大约过了 20 分钟，从相反车道过来一辆出租车，杰恩斯立即起身招手，但他看到车内有乘客时就放下手，出租车缓缓地驶去。

然而，那辆车驶了 30 米左右就停住了，那位乘客下车了。

"噢，真幸运，那人在这里下车呀。"

从车内走出的是一位看起来颇有修养的老绅士。杰恩斯对这个偶然感到很高兴，并迅速把旅行箱装进车的后备箱。坐进车后，杰恩斯告诉司机："去机场。"并说："我们真幸运，谢谢你。"

司机耸了耸肩膀说："要谢，你们就谢那位老先生吧，他是特意为你们而早下车的。"

杰恩斯和母亲不解其意，于是司机又解释道："那位老先生本想去更远的地方，但是看到你们后就说，我在这里下车，让两位乘客上车吧。这么早拿着旅行箱站在路边，一定是去机场乘飞机的。如果是这样，肯定有时间限制。我反正没什么急事，我在这里下车，等下一辆出租车。所以，你们要谢就谢那位老先生吧。"

杰恩斯很吃惊，他恳请司机绕道去找那位老先生。当车经过老先生身边时，杰恩斯从车窗大声向那位悠然地站在路边的老先生道谢。老人微笑着说："祝你们旅途愉快。"

后来杰恩斯在给康娜的信中这样写道："我对他人的体谅与那位老先生相比程度完全不同。我即使体谅他人，自己在心里也会想：能做到这点就不错了……"

【感悟箴言】

爱包含两方面：给予他人你的爱和接受他人的爱。一旦你只接受不付出，这架爱的天平就会失衡。其实在生活中，默默地为别人端一杯水，递一本书，多做一些力所能及的事，这个世界就会成为爱的海洋。

让善良永驻

克鲁斯的姑妈有一个名叫奥黛丽的敌人。克鲁斯的姑妈和奥黛丽太太都还是在做新娘的时候就搬到了这座小镇的主街上，她们成了隔壁邻居，都想在这条街上住一辈子。

克鲁斯不知道她们之间"战争"开始的原因是什么——那是在他出生之前很久的事情了——但克鲁斯多次目睹她们进行激烈的"战斗"。

晾衣绳被神秘地弄断了，那些床单在泥地上打滚，只好重洗。这些事有些时候是上帝干的，但更多时候都能认定是奥黛丽家孩子们干的。

克鲁斯简直不知道姑妈怎样才能受得住这些骚扰——如果不是她每天读的《旧金山新闻报》上有一个家庭版的话。这面家庭版很精彩，除了日常的烹饪知识和卫生知识以外，它还有一个专栏，由读者间的通信组成。方式是这样的：如果你有问题，或者只是想发发怨气，那么你写信给这家报纸，署上一个化名，例如草莓，这就是姑妈的化名。然后另一位与你有同样烦恼的女士会回信给你，并告诉你她是如何处理此类事情的。署名为"你知道的人"或者"泼妇"之类。常常是问题已经处理掉了，你们仍然通过报纸专栏保持数年的联系，你对她讲你的孩子、你如何做罐头食品乃至你卧室里的新家具。

克鲁斯的姑妈因此遇到了一件意想不到的事情。她和一位化名海燕的女士保持了 10 年的通信联系，克鲁斯的姑妈曾把从没对第二个人讲过的东西告诉了海燕——例如那回她想再要个孩子，却没有要成的事，以及那次她的孩子把"笨蛋"一词放到头发上带到学校里，令她感到很丢脸，虽然事情在引起镇上人们的猜测之前就已经被处理掉了等。总之，海燕是克鲁斯姑妈真正的知心朋友。

在克鲁斯 16 岁的时候，奥黛丽太太因病去世了。按当地的风俗，同住在一个小镇上，不管你曾对你的隔壁邻居有多么憎恶，从道义上讲还是应当过去看看能不能帮死者家属做点什么。

克鲁斯的姑妈穿了一件干净的棉花围裙，以此表明她想要帮助做点事情。穿过了两块草坪来到奥黛丽家，奥黛丽家的女儿让她去打扫本来已经很干净的前厅，以备葬礼时使用。在前厅的桌子上，有一个巨大的剪贴簿，在剪贴簿里，整整齐齐贴在并排的栏目里的是多年来克鲁斯的姑妈写给海燕和海燕写给她的回信。

克鲁斯姑妈的死对头竟也是她的好朋友！

那是克鲁斯唯一一次看到姑妈放声大哭。当时，他还不能确切地知道她为什么哭，但是现在他知道了，她在哭那些再也不能补救回来的，被浪费掉的没有和朋友好好相处的时光。

【感悟箴言】

人大多有善恶两面，没有十足的坏人，也没有十足的好人。善于发现别人善良一面的人，自己也就是善良的人。而善于发现别人邪恶一面的人，自己也逐步滑向邪恶的边缘。所以，试着打开心窗，让更多的善良进到自己的心里。

有一种品质叫胸怀大度

切忌做一个心胸狭小之人。心胸狭窄、目光短浅的人是难以成大事的。人生的许多大问题之一就是"性格"问题，由于不合群性格的存在，使得人与人之间产生了许多困扰及难题。一个能成就一番事业的人，一定是一个心胸开阔的人。

胸襟是否开阔是衡量一个人能否成就大事的重要方面，因为胸襟越开阔的人，往往眼光高远，不计小利，以大局为重；相反，胸襟狭小，只会看重蝇头小利。

"大丈夫行不更名，坐不改姓，行得正，走得端"，这是俗话，但也体现了一个人的胸襟如果足够开阔，那么他所做的事情和他的做人原则，一定是很有特点的。青年人，就应有这种习惯，这种特点。

小事情会使人偏离自己本来的主要目标和重要事项，因此，有积极心态的人不会把时间花在这些小事上。如果一个人对一件无足轻重的小事情做出反应——小题大做的反应——这种偏离就产生了。以下这些小事情的荒谬反应值得参考。1654 年的瑞典与波兰之战仅仅是因为在一份官方文书中，瑞典国王的附加头衔比波兰国王少了一个。大约 900 年前，一场蹂躏了整个欧洲的战争竟然是因桶的争吵而爆发的。有人不小心把一个玻璃杯里的水溅在托莱侯爵的头上，就导致了一场英法大战。一个小男孩向格鲁伊斯公爵扔鹅卵石，导致瓦西大屠杀和30年战争。

虽然由一件小事引发一场战争在我们的身上发生的可能性不大，但我们可能会因小事而使周围的人不愉快。因此说，一个人为多大事发怒也就说明了他的心胸有多大。拿破仑·希尔认为，在人生的舞台上，选择做一名焦点人物，扮演重要的角色，把自己的性格塑造得更得人心，也就更接近成功。

由于彼此个性的冲突，造成了多少家庭的破碎、友谊的决裂、劳资的矛盾等等，甚至国与国之间也因为观点未能一致而演变成干戈相见。

在这个问题上，我们有最大选择，再度扮演着一个最重要的角色。你可以让自己做一个友善的人，也可以去做一个难处的人；你可以热心助人，也可以拒人于千里之外；你可以与人虚心合作，也可以固执己见；你可以使自己激动，也可以要自己冷静；你可以让自己发脾气，也可以使自己对那些原本会使你生气的事淡然处之；你可以去做一个和蔼可亲的人，也可以做一个尖酸刻薄的人；你可以信任别人，也可以对谁都不信任；你可以自以为人人都与你为敌，也可以自信大家都喜欢你；你可以干干净净、清清爽爽，也可以邋邋遢遢、不修边幅；你可以蹉跎、怠惰，也可以雄心勃勃……难道你不能自己做选择吗？这，不用想，你当然能。

一个能成就一番事业的人，定是一个心胸开阔的人。

青年人要成大事，一定要有一个开阔的胸怀，只有养成了使自己的胸襟开阔，坦然面对、包容一些人和事的习惯，才会在将来取得事业上的成功与辉煌！你要想拥有宽容忍让的习惯——做一个胸怀大度的人，坦然面对，养成包容一些人和事的习惯。

【感悟箴言】

纵观古今中外，大凡有所作为的人，除自身才智卓越和执着追求外，还有一个共同的秉性，就是胸怀大度。他们能以自己开阔的胸襟去对待世间万物，用那颗博大的心去宽容世间的冷嘲热讽。

胸怀大度是一种高尚的品质。它容万物于胸襟，藏和善于心田，在博大中显出深沉与完美。在沧海桑田的世上，胸怀大度者在宽容别人的同时也开发了自己，世间也因他们多了祥和与宁静。

小事之中体现修养

一件小事，往往能体现出一个人的修养和水准。以偏概全，就会抓不住要害，就会因小失大，失去成功的机会。用人就是要用他的大才干，不要纠缠于他的小过失。

对于成大事者而言，他们通常的做法是：把眼光放在远处，从长远利益考虑问题，力戒因小失大。

青年人一定要牢记这样的例子，在生活、工作、事业之中善忍小节的习惯，从而成就一番事业。

《三国演义》中，张飞闻知关羽被东吴所害，下令军中，限三日内制办白旗白甲，三军挂孝伐吴。次日，帐下两位将士范疆、张达报告张飞，三日内办妥白旗白甲有困难，须宽限方可。张飞大怒，让武士将二人绑在树上，各鞭五十，打得二人满口出血。鞭毕，张飞手指二人："到时一定要做完，不然，就杀你二人示众！"范疆、张达受此刑责，心生仇恨，便于当夜，趁张飞大醉在床，将张飞一刀刺死。时年五十五岁的张将军，就这样因一件小事而结束了叱咤风云的一生，值与不值，后人自有评论。只希望大家以此为鉴，该忍则忍，顾全大局。既然木已成舟又何必再去做那些图一时痛快而损害了长远利益的事情呢？

"尖锐的批评和攻击，所得的效果都是零。批评就像家鸽，最后总是飞回家里。我们想指责或纠正的对象，他们会为自己辩解，甚至反过来攻击我们。"

人有七情六欲，喜怒哀乐是人与生俱来表达情感方法，一个人在这世上，难免会遇到令人高兴或气愤的事。兴奋的事可以使人心情愉快，精神奋发，并使生活充满无限的希望。而令人气愤的事往往就会使人义愤填膺、怒火中烧，很可能使人丧失理智，做出不可收拾的不良举动。

我们都知道，当一个人气上心头时，意气用事是在所难免的，因此，不论所说的话或所做的事，总是超出人所能想象的。在这个时候，即使平常说话非常谨慎的人，也会因丧失考虑而祸从口出。

然而，尽管生气是人之常情，但一个人生活在世上，若能高高兴兴地过一生，那不是一件很美的事？所以，我们应尽量以愉快的心情来处理生活上的各种问题。即使一旦发怒，最好能尽量忍在心里，不要爆发，用理智来抑制激情，才能使大事化小，小事化无。

一件小事，往往能体现出一个人的修养和水准，在小节上，能够表现得很好的人，他的成功之路上，定会少去许多漏洞。能忍小节的人，才能够经过千折百转之后成就一番大事业。青年人要从小事做起，牢记着忍小节才能成就大事的道理。

处理事情的时候，一味地强调细枝末节，以偏概全，就会抓不住要害，没有重点，头绪杂乱，不知从何下手。因此无论是用人还是做事，都应注重主流，不要因为一点小事而阻碍了事业的发展。须知金无足赤、人无完人，我们要用的是一个人的才能，不是他的过失，那为什么还总把眼光盯在那过失上边呢？忍小节，就是不去纠缠小节、小问题，要宽容待人。顾全大局的人，不拘泥于区区小节；要成就一番大事的人，不追究一些细碎小事；观赏大玉圭的人，不细考察它的瑕疵；得木材的人，不为其上的囊蚀而怏怏不乐。因为一点瑕疵就扔掉玉圭，就永远也得不到完美的美玉；因为一点囊蚀就扔掉木材，天下就没有完美的良材。

对于一个几乎把自己射死，又曾经保护和追随自己政敌的人，你敢用吗？春秋五霸之一的齐桓公就大胆地使用了这样一个与自己有"仇"，但确实能辅佐自己的良才——管仲。正是由于齐桓公能够忍住个人的恩怨，不拘小节，大胆任用人才，才使他在春秋战国时代首先称霸。而齐桓公称霸，全靠他的参谋管仲。

齐桓公名小白，原是齐国公子。管仲原本是小白之兄公子纠的师傅。齐国的君主僖公死后，各公子争夺王位，到最后剩下公子小白与公子纠。管仲为替公子纠争王位，还曾用箭射伤公子小白。最终结果是小白回到齐国继承了王位，是为齐桓公。帮助公子纠争王位的鲁国在与齐国的交战中大败，只得求和。桓公要求鲁国处死纠，并交出管仲。

消息传出后，大家都同情管仲，因为被遣送到敌方去无疑是要被折磨致死。有人建议说："管仲啊！与其厚着脸皮被送到敌方去，不如自己先自杀。"但是管仲只是一笑了之。他说："如果要杀我，当该和主君一起被杀了，如今还找我去，就不会杀我。"就这样，管仲被押回齐国。

到了齐国，桓公马上任用管仲为宰相，这连管仲自己都没有想到。

齐国在今山东半岛一带，从整个周朝来看，只不过是东边的一个小国。如何使这个小国登上天下霸主的地位，这是管仲日夜思索的问题。

他决心要先整顿"法制"，谋求中央集权的强国富民政策。人性本是趋利避害的，因而必须实行以法为基准、赏罚分明的政治以达成严格的君民统治。而富足民生，拉拢人心更是明君之道。此外，还需同时致力于远播威名于四海的工作。这些不只是强国思想，也是称霸天下的统治思想。

齐国与鲁国相邻，由于国界绵延相连，武力冲突不断。齐桓公五年，齐国打败鲁国，鲁国只得割让自己一块土地求和。鲁王与将军曹沫一起前往齐国谈和。议谈中，曹沫突然站起来举起短剑抵在齐桓公胸前，以必死的眼光逼视着桓公说："我鲁国是个小国，如今由于大王的侵略，国土越发狭小，无论如何请齐王退回所夺去的土地。""我答应。"桓公只得听命。

"那么，就在这里订下归还土地的盟约吧！"

由于短剑抵在桓公胸前，谁也不敢插手，于是签订了归还土地的盟约。

桓公为了保命才归还土地，并非真的要归还，他在鲁王离去后，立即向群臣说："盟约另行书写，绝不退出占领地，原来盟约无效。"此时管仲劝谏桓公道："君主的心情我理解，但那样做必定因小失大。轻易破坏既定的法则，失信于诸侯，将会失去得天下最重要的后盾，千万不要迷恋于这样的一小块土地。"

桓公立刻冷静下来，接受管仲的建议，收兵而返。这件事很快传到邻近诸侯的耳里，大家传颂齐王的果断，更敬畏桓公的英勇，齐国的信誉大大提高了。

齐国北方的燕国受到周边少数民族——山戎的攻打，求救于齐国。齐桓公出兵征讨山戎，燕王为了表示感谢，亲自把桓公送回齐国境内。桓公便在自己与燕王之间挖了一道鸿沟，把燕王所到之齐地都给了燕国。

桓公赠给燕王一小块领土，小小的恩惠却被广为传诵，诸侯听说桓公所为，均归顺齐国，齐桓公霸业乃成。

"一年之计如植谷，十年之计，如植树。"

"一分耕耘一分收获是为谷，一分耕耘十分收获是为树，一分耕耘百分收获是人才。"这是管仲留给后世的著作《管子》中的一节。管仲之所以能够当上宰相，这与他的好朋友鲍叔牙有很大关系。他们年轻时曾秘密约定辅佐齐建立霸业。当时在公子纠处当师傅的管仲对当小白师傅的鲍叔牙说："齐国必定是由纠或小白当君主，其他公子不配继承。很幸运，我们在这两个优秀的公子旁边当师傅。不管谁继承王位，我们都要合力辅助。"结果，公子纠失败，桓公继位，因此鲍叔牙召来管仲，救了他的命，并且推荐他为宰相，遵守了彼此的约定。

鲍叔牙年轻时就发觉了密友管仲卓越超凡的才智，彼此建立了深厚的友情。有一次。两个人一起去做买卖，鲍叔牙将所得利益的三分之二送给管仲。因为管仲穷困，所以鲍叔牙认为这是应该的。又有一次，管仲为鲍叔牙做了一件事，反而使鲍叔牙陷入窘境，然而鲍叔牙并没有怨恨管仲。

由这些事，可以看出鲍叔牙对管仲有如家兄一般。而鲍叔牙本身也是个有才略的人，深谋远虑，处事恰如其分，正确无误，推荐管仲为相只是自己策略的转嫁而已。在他们的共同努力之下，齐桓公平定乱世成为开创霸业的先驱。

桓公在位43年，管仲在桓公死后两年也去世，这期间管仲一直担负着重大的责任。"你无须负起任何责任，却把你的理想通过我来实现，你没有性命之忧就实现了理想。但是我能为天下做点事，也是该无悔了。"管仲临终时对最好的朋友鲍叔牙说。"我感谢你所做的一切，因为你使我没有性命之忧就实现了理想!"鲍叔牙如此回答。

鲍叔牙不因为管仲贪小财而看不起他，知道他是一个有大才干的人，而齐桓公也是任人唯贤，不计较他曾射了自己一箭的小仇。正是这样，管仲才发挥了他的才能，齐国也得到了治理，成为强国。如果只是一味地考虑这个人的小毛病，那么这世界上哪有完人呢?用人就是要用他的大才干，不要纠缠于小过失，否则天下就没有真正的能人可用了。

【感悟箴言】

其实我们在日常生活中，也都常在做这种因小失大的傻事。我们不是常因觉得东西便宜，所以就大量采购，以至于用不完而浪费掉。我们不也常为了芝麻小事，和多年好友闹翻，甚至老死不相往来，却还洋洋得意的吗?夫妻之间不也常为了小事冷战多日，而失掉家居乐趣还不自知吗?如果把那些为了小利或贪一时之快，而赔上名誉、生命甚至灵魂的人，都一并算上那人数就更多得数不清了。耶稣说:"人纵然赚得了全世界，却赔上了自己的灵魂，为他有什么益处?"

所谓经路窄处，留一步与人行;滋味浓的，减三分让人尝。一个人如果能做到这样就不太容易会因小失大。

重诚信，会沟通

一个不讲诚实、不守信用的人，最后吃苦头的是自己。成大事者崇尚以诚信待人，才能赢得人心，把自己的人生品牌做大。信用是一种现代社会无法或缺的个人无形资产。诚信的约束不仅来自外界，更来自我们的自律心态和自身道德力量。

诚信的价值

养成诚实守信的习惯，方可在事业上有所成就，才能在竞争中取得胜利。守信，会使人对你产生敬意，也会使人愿意公平地与你合作。

以诚待人，是成大事者的基本做人准则，道理很简单：诚信为天下第一品牌！青年人做人做事，也要讲"诚信"二字。

魏晋时有个叫卓恕的人，为人笃信，言不食诺。他曾从建业回上虞老家，临行与太傅诸葛恪有约，某日再来拜会。到了那天，诸葛恪设宴专等。赴宴的人都认为从会稽到建业相距千里，路途之中很难说不会遇到风波之险，怎能如期。可是，"须臾恕至，一座皆惊"。由此看来，诚是一个人的根本，待人以诚，就是信义为要。精诚所至，金石为开，诚能化万物，也就是所谓的"诚则灵"，正说明了诚的重要性。相反，心不诚则不灵，行则不通，事则不成。一个心灵丑恶，为人虚伪的人根本无法取得人们对他的信任。所以，荀子说："天地为大矣，不诚则不能化万物；圣人为智矣，不诚则不能化万民；父子为亲矣，不诚则疏；君上为尊矣，不诚则卑。"明人朱舜水说得更直接："修身处世，一诚之外更无余事。故曰：'君子诚之为贵。'自天子至于庶人，未有舍诚而能行事也。今人奈何欺世盗名矜得计哉？"所以，诚是人之所守，事之所本。只有做到内心诚而无欺的人才是能自信、信人并取信于人的人。

中国人特别崇尚忠诚和信义，因为诚信是为人处世的根本。而"信、智、勇"更是人自立于社会的三个条件。诚信是摆在第一位的。"信"是一个会意字，"人、言"合体。《说文解字》把信和诚互为解释，信即诚，诚即信。古时候的信息交流没有别的方式，只能凭人带个口信，而传递口信之人必须以实相告。这就是诚或信的本义。"言必信，行必果，诺必诚"。这是中国人与他人、与社会的交往过程中的立身处世之本。靠这样一个道德原则来规范自己的言行，这和西方的契约精神有所区别。在中国古人的观念中，法和刑是同义的，因此遇到问题不是靠打官司去解决，而是靠协商解决，在相互谦让的基础上通过调解达到一致，不希望闹到"扯破脸皮""对簿公堂"的状态。有些受骗上当的人往往在事后是采取忍让和不再交往的办法，因为他们对自己的要求并未改变，依然坚持用诚信的态度处世为人。靠道德的约束而忽视法制的作用，在现代社会已被证明是不可行的。然而，"诚信"在法律化的前提下随着社会的文明的发展而被推进，而在人们相互的交往和所发生的关系中发挥着愈来愈大的作用。

青年人要成大事，就要做到诚挚待人，光明坦荡，宽人严己，严守信义。只有这样，才能赢得他人的信赖和支持，从而为事业发展打下良好的基础。

孔子的弟子曾子有句话："吾日三省吾身。为人谋而不忠乎？与朋友交而不信乎？传不习乎？"作为一个有德行而对社会有责任心的人，在社会交往中诚信是做人的美德。与朋友交要诚信。"君子养心莫善于诚，至诚则无它事矣。"为官从政要"谨而信"，"敬事而信"，"言而有信"。孔子说："信近于义，言可复也。"一个做事做人均无信的人，是很难在社会上立足的，因为人们均不齿于那些言而无信的人。所以，孔子说："言而无信，不知其可也。"信是离不开诚的，诚是信的基础和保证，诚挚待人，就能严守信义。《庄子·盗跖》上讲有个青年叫尾生，与某女子相约于桥下，女子未来，大水突泄，这青年竟抱梁柱而死。

范式字巨卿，山阳金乡人也，一名氾。少游太学，为诸生，与汝南张劭为友。劭字元伯。二人并告归乡里。式谓元伯曰："后两年当还，将过拜尊亲，见孺子焉。"乃共约期日。后期方至，元伯具实告母，请设馔以候之。母曰："两年之别，千里结言，尔何相信之审邪？"对曰："巨卿信士，必不乖违。"母曰："若然，当为尔酝酒。"至其日，巨卿果到，升堂拜饮，尽欢而别。

真理、正义和公平亦是诚信的原则和标准。朱熹说，人与人要约，"合义则言，不合义则不言。言义，则其言必可践而行之矣！"这就是说"轻诺寡信则殆"。在动荡的社会中，人心叵测，因而背信弃义的事也是经常发生。食言而肥的人，所在多有，又如张仪苏秦的故事。又如春秋战国的"盟誓"之风，其无信义可说是朝令夕改，一日三变。因此，"求事""要约""做人"，信与不信，当看合不合理、合不合义，就如孔子所说："好信不好学，其蔽也贼"。尾生笃信，水至不去而死，这种不合理义的迂腐诚信，只能是有害无益，连古人也已有非议，今人义何足取？在解决民族、国家、社会政治、经济、军事、外交、文化、生活等方面的矛盾，协调人与人之间的各种关系，提高民族凝聚力，振兴国家，安定社会，亲睦家庭方面，诚信美德均起了非常积极的作用。如周公恪守臣道，匡扶幼主，忠诚不渝，虽有流言，诚信不惧；齐桓公夹谷之会，许返鲁地，信及诸侯，因而成就霸业；晋文公楚地得信，遵守诺言，退避三舍，成为千古美谈；邓训、钟世衡以诚信抚慰诸羌，诸葛武侯鞠躬尽瘁，并七擒孟获安抚南方，边疆的稳定和民族的安居乐业均是由诚信取得的；陆抗、羊祜，互为敌人，而能以诚相待，各自保境安民；朱晖、范式、卓恕一诺必践，不让季布。至于曾子杀猪取信于6岁儿子的故事，更是家喻户晓，人人皆知。

这些是人人传颂的美德，也是青年人应该养成的习惯，继承和发扬这些优秀的东西，并在自己的前进之路上运用起来，对待身边的人和事，相信这样的青年人定是人群中的佼佼者。

青年人要成为事业中的先锋、领头人，就要有过人之处，不但智慧上如此，胸襟上品德上更要如此。只有襟怀坦荡，光明磊落的人才会以诚信为本，做一个正直的成功者。

做这样的人，首要的是敢于直言，有一说一、有二说二，不夸大、不缩小，不隐瞒自己的观点。"见人只说三分话，不可全抛一片心"，是世故圆滑，近似虚伪。说空话，说假话，骗人，说奉承话，是诡诈阿谀。这些都是与坦率直言相对立的，是为人所不齿，所厌恶的。

坦荡磊落，本于正、本于诚。坦率诚直的准则是公正，而正直的保证亦是坦诚。在公正忠诚基础上的直言、争鸣、劝谏，才能直而不狡、鸣而不诡、劝而不害，才能起到坚持真私情。西汉时期大将军卫青的姐姐是皇后，汲黯见他时也不下拜。有人劝他："大将军这样尊贵，你不可不拜。"汲黯就说："就因为大将军有一位见着他不下拜的客人，他便不尊贵了吗？"让劝他的人听了也感到很难堪。武帝常常召集文学儒者，在一起说一些仁义道德的话。有一次朝会时，汲黯对武帝说："您内心里有那么多满足不了的欲望，口头上却说什么要行仁义，像您这个样子难道也想像唐、虞那样使天下大治吗？"这一番话弄得武帝不仅无话可说，而且连脸色都变了。在场的所有人不禁暗暗地替他捏了一把汗，幸而武帝没说话。下朝后，武帝对身边人说："真厉害呀！汲黯这股子憨劲。"有人责备汲黯不该这样做。他说："天子设置公卿大臣辅佐他治理天下，难道是希望大家都唯唯诺诺，唯命是从，只会阿谀奉承，把他往错路上引吗？我们这些人既已就其位，就应尽职尽责，如果人人明哲保身，国家会是个什么样子？"所以，连武帝也说："古代有所谓社稷之臣，像历史上的先人们为青年人作出了榜样，我们不能丢弃这样的美好品质。"所以要养成诚信的习惯，坦荡做人，在追求理想和事业的道路上，襟怀坦白，做事光明磊落，严于律己宽以待人，为自己营造良好的发展空间。

孔子说："躬自厚而薄责于人，则远怨矣。"即多检查自己而少指责他人，从而远离怨恨，这句话是相当有道理的。唐武则天时，狄仁杰应召回京，被任命为宰相，与当朝宰相娄师德共同辅政。他本人并不知道自己是由娄师德全力举荐的。相反，他老觉得娄师德事事从中作梗，甚至怀疑前一时期自己遭受了政治暗算也与娄有关。因此他常在武则天面前指责娄师德的不是。对此武则天大大不解，终于有一天，她向狄仁杰询问道："娄师德的品行究竟如何？"狄仁杰嘲讽道："他带兵戍边时倒有过战功，其品行好不好，我不好说。"

"那么他有没有善于发现和举荐人才的能力呢？"武则天又问。狄仁杰干脆地回答："我和他一起共事，完全没有感觉到这一点。"对此，武则天微笑地拿出一份东西给狄仁杰看。看完后，狄仁杰不禁面红耳赤，原来那是娄师德的奏折。狄仁杰感叹道："娄师德度量这么宽厚，我还处处疑心他，真是惭愧。"此后他主动接近娄师德，两人关系日见亲密，共同辅政，相处得很好。甚至有一年武则天告诉狄仁杰有人告了他的状，问他愿不愿意知道是谁告的。狄仁杰回答："愿闻臣之过，其他的是不该我知道的。"武则天对他这样宽以待人的胸怀很感动，所以就一直很重用他、信任他。而狄仁杰也常注重向朝廷举荐人才，如恒彦花、敬晖、窦怀贞、姚崇、张柬之等人，位至公卿宰相者有数十人之多。

人与人之间的交往以及解决人与人之间交往中出现的矛盾的道德准则之一是宽人、容人。人非圣贤，孰能无过，容人就要容人之过。人们在日常工作、生活、学习以及交往中，只有相互协调、宽容，才能很好地相处。诚然，每个人身上均有优点，但不可否认有些人的毛病是非常令人讨厌的。这时如果能够待人以诚、待人以宽，充分发挥每个人的长处，就会把工作做得更好。切不可争一时之短长，俗话说：紧逼半尺山穷水尽，后退一步海阔天空。刘邦曾在不同的场合中对他的大臣们说这样的话：论领兵打仗，我不如韩信；论运筹帷幄决胜于千里之外，我不如张良；论休养生息、转运粮草，萧何功劳最大。然而就是这么一个在前方不会打仗，在军中不会出奇制胜，在后方亦不会搞后勤的人却驾驭着一帮具有雄才大略的英才成就了帝业。"宽则得众"，假如他没有宽广的有容乃大的胸怀，也许他将一事无成。相反项羽的本事很大，万人不敌，自称"力拔山兮气盖世"，可说英雄盖世。但他有一谋士范增却不重用，气量小耶，只能"无颜过江东"，自刎于乌江。还有《西游记》里的唐僧，除了会念经外什么本事也没有，但他的诚心和宽厚却使三位本领高强的徒儿慑服于他，并完成了去西天取经的大业。

荀子说过，"人力不若牛，走不若马，而牛马为用，何也？"人的力气不如牛大，跑起来没有马快，但牛和马却被人役使，为什么呢？"人能群，彼不能群也。"能够合作是荀子认为的根本原因。说得理论一些，社会是由各种人和人之间各种关系组成的，孤立的个人是不可能存在的，也做不成任何事。移山填海，上天入地，创造出许多伟大业绩只因为人能"群"而造成的。人的这种善于合作、善于协调的特性是人类社会发展的一种必然结果，就个人而言，个人事业成功的重要因素是能否与人合作。曾有人提出过这样的观点："合作就是守信用。"

我们要与别人合作，一个基本前提就是要守信用。假如甲有管理才能，乙有一笔资金，有了这两个条件，两人就有合作可能了。但是两人未必就能合作成功，还必须有一个信任关系。比如甲拿了钱，得让乙相信他不会挪作他用，更不会逃之夭夭。所以我们东方最早的信贷关系是发生在本家族之内，且需要有可靠的保人。

守信之人，别人就愿意与他合作。有一个美国孩子，他父亲早逝。他父亲去世时留下了一堆债务。若按常规，欠债人已去，把他的商品拍卖分掉，其余债务差不多也就算了。但这个孩子一一拜访债主，希望他们宽限自己，并保证父亲留下的债务分文不少地还掉。后来这孩子竟然历20年之功，把父亲留下的债务连本带息、分文不落地全还了。周围的人都非常感动，知道他是一个可靠之人，也就都非常愿意和他做生意。结果这孩子不但同别人建立了合作关系，也赢得了他人的尊敬。

与人合作，守信是第一大原则。守信，会使人对你产生敬意，也因此会使人愿意公平地与你合作。和一个不守信用的人合作，考虑到失信的危险，人们通常会把合作的费用提高，以防万一。比如你是一个信用度不是特别高的人，那你要拉别人的货物，一般是要先付款，但是如果别人知道你很讲信用，或者另一个商界同行出面说你非常可信，那么打交道的对方就可能很放心地让你把货先拉走，卖完货后再付款。一个要占大量资金，另一个几乎等于白手赚钱，这中间的出入，就是信用的价值。

随着现代社会的发展，人们在智力上的先天差距已经随着教育的普及和知识的提高而日益缩小了。非智力因素在一个人的成功因素中所占比重越来越大，而一个人的成功率亦是与其协作精神成正比的。在相同的专业技术水平竞争中，谁更具备与不同的人进行合作的能力，谁就更容易成功。我们在日常生活中总能见到，有的人一肚子才学，但往往因为不易与人合作，而失去机会，最后一事无成。一些看似无本事毫无夸耀本钱的人却有着他人所没有的与不同的人相处的本事，这种人成功的机会就比较多。一般说来，具有合作精神的人，都是有胸怀的人，能够严于律己，宽以待人，从大处着眼，不斤斤计较，并且能发现别人的长处。古人讲："泰山不避细壤，故能成其大；河海不择细流，故能成其深。"得人宽待自宽待他人，就像得到他人的帮助是由于他能容人一样。战国时蔺相如与廉颇之将相和的故事便是很好的例子。

但需明白，我们所指的容人不是要毫无原则的迎合与奉承。宽容是有限度的，既要宽以待人又要守住做人做事的原则：既要讲合作，又要承认差别、矛盾，善于处理；容人不是容"过"，是容有过而改过或愿意改过之人。并且还要对"过"分清是非，这是容的前提。容是容忍，不是赞同，不是同流合污。这是做人应把握的准则。

我国古代的又一杰出道德思想是"严于律己"。"君子求诸己，小人求诸人。"有道德的人要求自己，缺乏道德的人则要求别人。个人道德修养的出发点是约束自己，这也是做人之根本。因为中国人非常重视自律。"道也者，不可须臾离矣；可离，非道也。是故君子戒慎乎有所不睹，恐惧乎有所不闻，故君子慎其独也。"这段话所包含的思想就叫"慎独"。即达到一种在别人看不到（其所不睹）、听不见（其所不闻）的地方亦警惕自己，谨慎从事的较高的道德境界，说到底就是表里如一，有人在无人在一个样。人的一举一动、一言一行都和道德紧密关联，因而做人就要按道德标准严格要求自己。"慎独"强调的是自律，是自我约束，古人理想的人生是道德人生，不断修养自己，以求高尚。所以，古代诸如"洁身""省身""正身""诚身"等修身的词始终是贯穿自我约束的意义。不允许做任何违犯道德的事情，一旦做了，就要严于责己，积极纠正。严于律己一般有这样几种要求：慎独是其一，日三省吾身，就是检讨一下自己每天的行为，另外还要"闻过则喜"，"过，则无惮改。"有了过错不怕改正。子路是孔子的弟子，为人诚实，刚直好勇，当他听到别人对自己的批评时，他总是很高兴地倾听，从不恼怒。孔子就夸他为"闻过则喜"。禹是古代的圣君，每当他听到别人对他善意的劝告时，总是感激得连连下拜。而舜，则把成绩优点看成是向群众学来的，他做农民，做陶工，做渔夫，直到做天子，所有的长处，都是通过向别人学习而得到的。二是要虚怀若谷。能做到听取别人的意见，自己就要有心胸，这就是虚。因为有如山谷般宽广胸怀的人，才能在心里有足够的空间容纳别人的意见。虚则实，满则空。这些格言，无论何时何地，都有着它们独特的教育意义。其中的感召力，正是对青年人发展事业最有利的启示之一。请记住这些格言，并在实际中发挥它们的作用，使自己成为一个有原则的人，一个有诚信的人，一个成功的人，这才是青年人的任务。守信，会使人对你产生敬意，也因此会使人愿意公平地与你合作。

【感悟箴言】

如今是信用抵万金的社会，没有信用，你将一事无成。信用的好坏已完全影响到一个人的工作、学习和生活的方方面面。如果说时间就是金钱，那诚信就是生命。

一个人拥有良好的信誉就如同拥有无价的财富。

唯有诚信才能取信于人

凡成就大事者都是能取信于人的人。不管面临什么样的情况，都是要克服困难，以诚信为重。忍住欺诈之心才能让人佩服你，倾其所有为你效力。

凡事要取信于人。评古论今，凡成就大事者都是取信于人的人。今天，青年人要成就大事，当然是不能例外。只有养成诚信的习惯，才会在事业合作中取信于人，才能够成就大事。

三国时，蜀汉建兴九年，诸葛亮用木牛运输军粮，再出兵祁山（今甘肃礼县东北祁山堡），第四次攻魏。魏明帝曹睿亲自到长安指挥战斗，命令司马懿统帅费曜、戴陵、郭淮诸将领，征费曜、戴陵二将屯扎，自己率大军直奔祁山。面对着兵多将广、来势凶猛的魏军，诸葛亮不敢轻敌，于是命令部队占据山险要塞，严阵以待。魏蜀两军，旌旗在望，鼓角相闻，战斗随时可能发生。在这紧要时刻，蜀军中有 8 万人服役期满，已由新兵接替，正整装待返故乡。魏军中有30余万，兵力众多，连营数里。蜀军会在这 8 万老兵离开后更显单薄。众将领都为此感到忧虑。这些整装待归的战士也在忧虑，生怕盼望已久的回乡愿望不能立即实现，估计要到这场战争结束方能回去了。

于是不少蜀军将领进言希望留下这 8 万兵，延期一个月，等打完这一仗再走。诸葛亮断然拒绝道："统帅三军必须以绝对守信为本，我岂能以一时之需，而失信于军民。"诸葛亮停了一停，又道："何况远出的兵士早已归心似箭，家中的父母妻儿终日倚门而望，盼望着他们早日归家团聚。"遂下令各部，催促兵士登程。此令一下令所有准备还乡之人在意外的同时也是欣喜异常，感激得涕泪交流，纷纷说："丞相待我们恩重如山，我们要求留下参加战斗。"那些在队的士兵也受到极大的鼓舞，士气高昂，摩拳擦掌，准备痛歼魏军。诸葛亮在紧要关头不改原令，使还乡的命令变成了战斗的动员令。他运筹帷幄，巧设奇计，在木门道设下伏兵。魏军先锋张郃，是一员勇将，被诱入埋伏圈中，弓弩齐发，死于乱箭之下。蜀军人人奋勇，个个争先，魏军大败，司马懿被迫引军撤退。犒劳三军之时，诸葛亮尤其褒奖了那些放弃回乡，主动参战的士兵，蜀营中一片欢腾。

诸葛亮取信于士兵，宁使自己一时为难，也要对士兵、百姓讲诚信。一次欺诈行为可能会解决暂时的危机，但是这背后所隐伏的灾患比危机本身更危险，对此，诸葛亮是深深了解的。

在商业活动中，欺诈的行为也许能为你获得一定的利益，但同时你也失去了他人对你的信任。没有信誉的人，在社会中难以立足，也不会有人愿意和你共同合作。

作为经商之本的信誉，就某一意义来讲，是一种无形的资产。从古至今凡是真正经商致富的人，都把信誉放在首位，信誉、诚实无欺一直被视为商业道德的重要内容和标志。

总之，诚实信用是青年人成大事的必备素质之一，是青年人在学习和工作中所必需的。你对别人怎样，别人就会对你怎样！

【感悟箴言】

"诚信比一切智谋更好，而且它是智谋的基本条件。"这是哲学家康德的一句名言。

我们无论从政还是经商，都要讲诚信。说实话，做实事，是中华民族的传统美德。孔子的为政志向是"老者安之，朋友信之，少者怀之"。他强调为政的一个要诀，就是要取得朋友的信任和支持，不止于此，取得百姓的信任尤为必要。

人无信而不立

人无信而不立。人离不开交往，交往离不开信用。一个人守信是最可贵的品性，要成大事者，必须守信。

诚信之人都是讲信义的，也就是说，他们说过的话一定算数，无论大事小事，一诺千金。

青年人一定要记得中国人以信为本的做人处世之道，在你的事业中，要养成守信的习惯是非常重要的。只有守信的人，才会有人信任你。只有做到了一诺千金，你的事业才有望发展、壮大并蒸蒸日上。

所谓恪守信义，即对许诺一定要承担兑现。"人无信不立"，答应了别人什么事情，对方自然会指望着你：一旦别人发现你开的是"空头支票"，说话不算数，就会产生强烈的反感。"空头支票"不仅仅增添他人的无谓麻烦，而且也损害了自己的名誉。对别人委托的事情既要尽心尽力地去做，又不要应承自己根本力所不及的事情。华盛顿曾说过："一定要信守诺言，不要去做力所不及的事情。"这位伟人告诫他人，因承担一些力所不及的工作或为哗众取宠而轻诺别人，结果却不能如约履行，是很容易失去信赖的。

在人与人的交往中，中华民族历来把信用、信义看得很重要。孔子说："与朋友交而不信乎？"墨子说："志不强者智不达，言不信者行不果。"还有"一诺千金，一言百系""一言既出，驷马难追"等都是强调一个"信"字。清代顾炎武更是以"生来一诺比黄金，哪肯风尘负此心"来表达自己坚守信用的处世态度。因此，中国人历来把守信作为为人处世、齐家治国的基本品质，言必行，行必果。自古以来，人们便欢迎和赞颂讲信用的人而斥责和唾骂无信用的人。

讲信用，守信义不仅是立身处世的一种高尚的品质和情操，更是在体现对人尊重的同时，尊重了自己。但是，我们反对那种"言过其实"的许诺，也反对使人容易"寡信"的"轻诺"，我们更反对"言而无信""背信弃义"的丑行！

讲信用是忠诚的外在表现。人离不开交往，交往离不开信用，"小信成则大信也"，无论是治国持家还是做生意，讲信用在其中必不可少。一个讲信用的人，能够前后一致、言行一致、表里如一，人们可以根据他的言论去判断他的行为，进行正常的交往。你无法对一个不讲信用、前后矛盾、言行不一的人判断他的行为动向。对于这种人，是无法进行正常交往的，更没有什么魅力而言。守信是取信于人的第一方法。信任是守信的基础，也是取信于人的方法。只有有魅力的人才是守信的人、诚实的人、靠得住的人。

卡耐基向人们讲述过一个故事，这个故事的中心是一篇文章，题目《把信带给加西亚》，这篇文章最先发表在1899年，被翻译成多国语言，为世人所知。纽约中央车站曾将它印了150万份，分送出去。

这篇文章叙述了这样一个故事：

当美西战争爆发后，美国必须立即跟西班牙的反抗军首领加西亚取得联系。但是无人知道加西亚在古巴丛林里的确切地点，所以写信、打电话均不可能。美国总统必须尽快地获得他的合作。

有人对总统说，"有一个名叫罗文的人，有办法找到加西亚，也只有他才找得到。"

他们把罗文找来，交给他一封写给加西亚的信。罗文把它装进一个油布制的袋里，封好，吊在胸口，乘小船，四天之后的一个夜里在古巴上岸，消失于丛林中，接着在三个星期之后，从古巴岛的那一边出来，又徒步走过一个危机四伏的国家，经历千难万险，终于把那封信交给了加西亚。卡耐基说：我要强调的重点是麦金利总统把一封写给加西亚的信交给了罗文；而罗文接过信之后，并没有问："他在什么地方？"

卡耐基说：像他这种人，我们应该为其塑造不朽的雕像，放在每一所大学里。年轻人所需要的是加强一种敬业精神而非学习书本上的知识或聆听他人的谆谆教导。要像罗文那样恪守信义，对于上级的托付，立即采取行动，全心全意去完成任务——"把信带给加西亚"。卡耐基总结道：我佩服的人有很多，我钦佩的是那些不论老板是否在办公室都努力工作的人；我也敬佩那些能够把信交给加西亚的人；静静地把信拿去，不会提出任何愚笨问题，也不会存心随手把信丢进水沟里，而是不顾一切地把信送到。这种人永远不会被"解雇"，也永远不必为了要求加薪而罢工。这种人不论要求任何事物都会获得。他在每个城市、村庄、乡镇——每个办公室、公司、商店、工厂，都会受到欢迎。世界急需这种能把信带给加西亚的人才。

自古以来，讲信义的事为大家广为传颂，表明人类敬仰守信义的人，敬仰他们的高贵的精神品格，这种守信的品格，这种一诺千金的诚信，也正是人们所崇尚的。

在崇尚之余，我们都希望身边的人是这类人，那么青年人就从自己开始，养成守信的习惯，做一个讲信义的人吧。

【感悟箴言】

诚信是人类永恒的主题，是中华民族的传统美德。

只有一言九鼎的人，才能受人尊敬；同样，也只有一言九鼎的企业，方能问鼎天下。

真诚的力量

善的人格魅力，其基本点就是真诚，而真诚待人，恪守信义亦是赢得人心、产生吸引力的必要前提。要做到对人真心诚意并不难，重要的是要对人感兴趣并真挚关切，在别人需要的时候给予他真诚的帮助。

什么是"真"？就是不做假，不欺人，成大事者讲究人品之真、做事之真。真诚待人，真诚做事，这是一个青年人必备的品质之一。只有具备了这种品质，也只有这样品质的人，才会敞开心扉给人看，使人们了解他、接纳他、帮助他、支持他，使他的事业获得成功，使他受到人们的尊重和敬仰。青年人要有真诚待人的习惯，用真诚的心灵赢得事业上的成功。

美国前总统老罗斯福一直是个受欢迎的人，甚至他的仆人都喜欢他这个主子，也正是因为这一点，罗斯福的黑人男仆詹姆斯·亚默斯，写了一本关于他的书。在那本书中，亚默斯说出这个富有启发性的事件："有一次，我太太问总统关于一只鹑鸟的事。她从来没有见过鹑鸟，于是他详细地描述一番。没多久之后，我们小屋的电话铃响了。我太太拿起电话，原来是总统本人。他说，他打电话给她，是要告诉她，她窗口外面正好有一只鹑鸟，又说如果她往外看的话，可能看得到。他时常做出像这类的小事。每次他经过我们的小屋，即使他看不到我们，我们也会听到他轻声叫出：'呜，呜，呜，安妮！'或"呜，呜，呜，詹姆斯！'

这是他经过时一种友善的招呼。"

这样的一个人恐怕确实很难让别人不喜欢他。

罗斯福下台以后，一天到白宫去拜访，碰巧塔夫托总统和他太太不在。他真诚喜欢卑微身份者的情形全表现出来了，因为他向所有白宫旧识仆人打招呼，都叫出名字来，甚至厨房的小妹也不例外。

书中写道："当他见到厨房的欧巴桑·亚丽丝时，就问她是否还烘制玉米面包，亚丽丝回答他，她有时会为仆人烘制一些，但是楼上的人都不吃。"

"他们的口味太差了，"罗斯福有些不平地说，"等我见到总统的时候，我会这样告诉他。"

亚丽丝端来一块玉米面包给他，他一直走到办公室去，一面吃，同时在经过园丁和工人的身旁时，还跟他们打招呼……他对待每一个人，都同他以前一样。

完善的人格魅力，其基本点就是真诚。而真诚待人，恪守信义亦是赢得人心，产生吸引力的必要前提。待人心诚一点、守信一点，能更多地获得他人的信赖、理解，能得到更多的支持、合作，由此可以获得更多的成功机遇。

我们主张知人而交，对不很了解的人，应有所戒备，对已经基本了解、可以信赖的朋友，应该多一点信任，少一些猜疑，多一点真诚，少一些戒备。你完全没必要对你的那些完全值得信赖的同学真真假假，闪烁其词，含糊不清，因为这种行为实在是不明智的行为。我国著名的翻译家傅雷先生说："一个人只要真诚，总能打动人的，即使人家一时不了解，日后便会了解的。"他还说："我一生做事，总是第一坦白，第二坦白，第三还是坦白。绕圈子、躲躲闪闪，反易叫人疑心；你要手段，倒不如光明正大，实话实说。只要态度诚恳、谦卑、恭敬，无论如何人家不会对你怎么的。"以诚待人是值得信赖的人们之间的心灵之桥，通过这座桥，人们打开了心灵的大门，并肩携手，合作共事。自己真诚实在，坦露真心，"敞开心扉给人看"，对方会感到你信任他，从而卸除猜疑、戒备，把你作为知心朋友，乐意向你诉说一切。其实，每个人的思想深处都有封锁的一面和开放的一面，人们往往希望获得他人的理解和信任。然而，开放是定向的，即向自己信得过的人开放。以诚待人，能够获得人们的信任，发现一个开放的心灵，争取到一位用全部身心帮助自己的朋友。在人们发展人际关系，与他人打交道的过程中，如果防备猜疑被诚信取代，就往往能获得出乎意料的好成绩。

青年人与人交往，一定要注意以下几点：

①以诚待人，要坦荡无私，光明正大，已发现对方有缺点和错误，特别是对他的事业关系密切的缺点和错误，要及时地指正，督促他立即改正。批评的确不讨人喜欢，但你不妨换角度去使他理解接受，从而沟通彼此心灵，发展友情。

②应当知人而交，当你捧出赤诚之心时，先看看站在面前的是何许人也，不应该对不可信赖的人敞开心扉。否则，适得其反。

③要想得到知己和朋友，首先得敞开自己的心怀。讲真话、实话，不遮掩，不吞吐，必然会换得朋友的赤诚和爱戴。正如谢觉哉同志在一首诗中写道："行经万里身犹健，历尽千艰胆未寒。可有尘瑕须拂拭，敞开心扉给人看。"

英国一个名叫哈尔顿的作家为了编写《英国科学家的性格和修养》而采访了达尔文。达尔文的坦率是尽人皆知的，为此，哈尔顿不客气地直接问达尔文："您的主要缺点是什么？"达尔文答："不懂数学和新的语言，缺乏理解力，不善于合乎逻辑地思维。"哈尔顿又问："您的治学态度是什么？"达尔文又答："很用功，但没有掌握学习方法。"听过这些话的人无不为达尔文的真诚与坦率而鼓掌。按说，像达尔文这样蜚声全球的大科学家，在回答作家提出的问题时，说几句不痛不痒的话，甚至为自己的声望再添几圈光环，有谁会产生异议呢？但达尔文不是这样。一是一、二是二，甚至把自己的缺点毫不掩饰地袒露在人们面前。只有高尚的品德才能换来真挚的信赖和尊敬。朋友的交往亦是如此。你敢于说真话，说实话，肯让人知，朋友为你的诚实所感动，便会从心底深处喜欢你，他给你的回报，也将是说真话，说实话。

《晏子春秋·内篇》中就有"信于朋友"的话，把"信"看成是朋友之间的一个重要环节。在封建社会被视为五常之一的"信"是人的一种美德。过去小孩子的启蒙读物《幼学琼林》中，就有专门讲交友的章节，并有种种概括："尔我同心曰金兰，朋友相资曰丽泽"，"心志相孚为莫逆，老幼相交曰忘年"，"刎颈之交相如与廉颇，总角之好孙策与周瑜"，这里所指的都是真诚待人的深厚友情。

青年人要懂得人与人的感情交流具有差异性。融洽的感情是心的交流。真诚待人，敞开自己的心扉，肝胆相照，赤诚相见，才会心心相印。然而真诚在友谊宫殿中的光泽不仅未因岁月流逝、时代变迁而减弱，反而随着社会的进步增添了光彩。

如果为人处世离开了真诚，则无所谓友谊可言，一个真诚之人的心声，才能唤起一大群真诚之人的共鸣。"投之以木桃，报之以琼瑶。"我们的生活中应充满真诚，养成真诚待人的习惯，也只有这样，每个人的心灵才会美好和快乐，才会在你的事业上获得更多真诚的帮助。

人们常用"精诚所至，金石为开"来表达真心诚意可以解决很多难题。有一位出版商讲过一个故事：他刚出道时，一直希望能有个名作家的著作让他出版，但他没什么资本，一直不敢去和那些作家接触。可是他实在想极了，有一天，便抱着他从报上剪下来的某位作家的文章，硬着头皮去拜访那位作家。他坦然地说明自己的状况，也表明了出书的意愿，这位作家不置可否，但也没有给他坏脸色看。他无功而返，过了一个月，他又去看那位作家，诚恳地说明他的想法。就这样去了 10 次，前后经过了半年，他终于获得了这位作家一本新作。

精诚所至，金石为开。当你把你真诚的心扉敞开给别人看之后，真心诚意的力量是巨大的，这是无法用科学方法去加以分析的，我只能说，"真心诚意"是一个人真实内心的自然涌现，所以能直接感动对方，和对方内心的真实情感产生共鸣和交流，而且超越了现实利益的层次。

"伸手不打笑脸人""见面三分情"，这是人都有的一种感情。真心诚意不仅可以解除对方的武装，还可以激起对方同情不忍之心，因而松懈了他自己的立场。"看他那么真心诚意，就接受他的要求吧！"——总是会这样想。因为如果拒绝，自己多少也会自责，认为自己太无情了，因而难过半天。这是人性中"善"的作用，是很奇妙也很微妙的现象。

不造作、不虚假，没有欺骗也没有心术的情感便是"精诚"，即"真心诚意"的本质。只有这种情感才能真正地感动对方，让对方接受你、认同你。用"真心诚意"做事，容易获得别人的合作，甚至和你吃亏也不在乎；用"真心诚意"做人，则容易获得别人的接纳。不过，很重要的一点是——如何让对方感受到你的"真心诚意"？

既然是真心诚意的，就要不怕困难，锲而不舍，敢于付出，用诚实谦和的态度去做事，去感动他人。

锲而不舍：换句话说，不计时间，不计次数地持续下去，因为时间也是一种"支出"，如果不是真心诚意，早就放弃了。

不惜工本：人都怕花无谓的钱，如果不是真心诚意，敢花这种钱吗？这么说，穷困的人就没希望表现出他的"真心诚意"了？那也不然，你大可坦白说明自己的情况，对方会针对你的状况另行考虑的，"诚于中，形于外"，对方是会感受到的。

态度谦和：十足的真心诚意也会被狂傲无礼抹杀，尤其是当你是有求于人时。

要做到对人真心诚意并不难，重要的是要对人感兴趣并真挚关切。这就需要下一番功夫了。

为发展人格起见，我们必须懂得，个人的性格魅力的产生是因为自己对他人感兴趣，是由发自内心的喜爱形成的。把这种魅力发展起来，待人接物既可处处制胜，对人的兴趣亦自然地滋长，同时，吸引人们的能力也随之增强起来。

有许多关于这方面的故事。你只要对别人真感兴趣，在两个月之内，你所得到的朋友就比一个要别人对他感兴趣的人在两年之内所交的朋友还要多。

查尔斯·伊里特博士之所以成为有史以来最成功的大学校长就在于他对别人的事情同样强烈地感兴趣。有一天，一名大学一年级的学生克兰顿去校长室去借 50 美元的学生贷款，这笔贷款获准了。克兰顿回忆道："接着我感激万分地致谢一番，正要离去的时候，伊里特校长说，'请再坐会儿。'然后他令我惊奇地说：'听说你在自己的房间里亲手做饭吃，我并不认为这坏到哪里去，如果你所吃的食物是适当的，而且分量足够的话。我在念大学的时候，也这样做过。你做过牛肉狮子头没有？如果牛肉煮得够烂的话，就是一道很好的菜，因为一点也不会浪费。当年我就是这么煮的。'接着，他告诉我如何选择牛肉，如何用温火去煮，然后如何切碎，用锅子压成一团，放冷再吃。"校长如此地关心一个低年级的学生这使克兰顿非常感动。

卡耐基自己回忆道：从我个人的经验中发现，一个人对别人真诚地感兴趣的话，就可以从即使是极忙碌的人那儿，得到注意、时间和合作。卡耐基举例说：

"几年前，我在布洛克林文理学院讲授小说写作这门课，我们希望邀请凯萨琳·诺理斯、凡妮·何斯特、伊达·塔贝尔、哑勃·特胡、鲁勃·休斯以及其他著名和忙碌的作家们，到布洛克林来，把他们的写作经验告诉我们。因此我们写信给他们，说明我们钦佩他们的作品，深切地希望能得到他们的忠告以及获知他们成功的秘诀。

"每封信都由大约 150 名学生亲笔签名。我们说，我们知道他们很忙——忙得无法准备一篇演讲。因此，我们附上一串关于他们自己和写作方法的问题，请他们回答。这一方法他们显然是相当地赞成，因为他们从家里赶到了布洛克林来助我们一臂之力。

"以同样的方法，我劝罗斯福任内的要员以及许多其他的大人物到我的演讲班来，跟学生们谈一谈。花些时间、精力、诚心思考事情，这些为朋友效力的事对于与他人交朋友是十分有利的。"

好多年来，卡耐基一直都在打听朋友们的生日，怎样打听呢？他说：虽然我一点也不相信星象学，但是我会先问对方，是否相信一个人的生辰跟一个人的个性和性情有关系，然后我再请他把他的生辰月日告诉我。举例来说，如果他说 11 月 24 日的话，我就一直对自己重复说，"11 月 24 日，11 月 24 日……"等他一转身，我就把人的姓名和生日记下来，事后再转记在一个生日本子上。在每一年的年初，我就把这些生日写在我的月历上，因此它们能够及时地引起我的注意。你可以想象此人在生日那天收到信或电报时会是多么惊喜！我常常是世界上唯一记得他们生日的人。

所以我们要以高兴和热诚去迎接别人同他人交朋友。当别人打电话给你的时候，同样要保持高兴与热诚，说话的声音要显出你对他打电话给你是多么地高兴。纽约电话公司开了一门课，训练他们的接线生在说"请问您要拨几号"的时候，口气显出"早安，我很高兴为您服务"的感觉。

青年人在事业开创过程中可以通过对别人显出你的兴趣来结交更多的朋友，甚至增加客户对公司的信任感。

查尔斯·华特尔，受雇于纽约市一家大银行，奉命写一篇有关某一公司的机密报告。当他知道一个大工业公司的董事长拥有他非常需要的资料时，他便去见那人。当华特尔先生被迎进董事长的办公室时，一个年轻的妇人从门边探头出来，告诉董事长，她这边没有什么邮票可给他。

"我在为我那12岁的儿子搜集邮票。"董事长对华特尔解释。

然而这位董事长总是对华尔特尔先生的问话含糊概括、模棱两可。他不想把心里的话说出来，无论怎样好言相劝都没有效果。这次见面的时间很短，不切实际。"坦白说，我当时不知道该怎么办，"华特尔先生说，"接着，我想起他的秘书对他说的话——邮票，12岁的孩子……我也想起我们银行的国外部门搜集邮票的事——从来自世界各地的信件上取下来的邮票。"

"第二天早上，我再去找他，传话进去，我有一些邮票要送给他的孩子。我是否很热诚地被带进去呢？是的，老兄。在我看来，即使是竞选国会议员，他也没有这种握手的热诚。他满脸带着笑意，客气得很。'我和乔治将会喜欢这张，'他不停地说，一面抚弄着那些邮票。'瞧这张！这是一张无价之宝'"。

"我们花了一个小时谈论邮票，瞧瞧他儿子的一些照片，然后他又花了一个多小时，在我还未提议他时，他已经告诉了我所有我想知道的。他把他所知道的，全都告诉了我，然后叫他的下属进来，问他们一些问题。他还打电话给他的一些同行，他把一些事实、数字、报告和信件，一股脑地告诉我。如果从一个新闻记者的角度看，我此行大有收获。"

要对别人表示你的关切是好的，但前提一定是真诚的，只有真诚的东西，才会为人所接受。

马汀·金斯柏曾经说他的一生实际上被一位护士给他的关切深深影响："那天是感恩节，我只有 10 岁，正因社会福利制度而住在一家市立医院，预定明天就要动一次很大的整形手术了。我知道以后几个月都是一些限制和痛苦了。我父亲已去世，我和我妈住在一个小公寓里，靠社会福利金维生。那天我妈刚好不能来看我。"

"那天，我完全被寂寞、失望、恐惧所压倒，而我的妈妈此时应是在家中孤零零地一个人为我担心，甚至于她没钱吃一顿感恩节的晚餐。

"眼泪在我的眼眶里打转，我把头埋进了枕头下面，暗自啜泣，全身都因痛苦而颤抖着。

"一位年轻的实习护士听到我的哭声就过来看看。她把枕头从我头上拿开，拭掉了我的眼泪。她跟我说她非常寂寞，因为她必须在这天工作而无法跟家人在一起。她又问我愿不愿和她一同进晚餐。她拿了两盘东西进来：有火鸡片、马铃薯泥、草莓酱和冰淇淋当甜点。她跟我聊天并试着抚平我的恐惧。虽然她本应 4 点就下班的，可是一直陪我到将近 11 点才走。她一直跟我玩、聊天，等到我睡了才离开。

"我过过很多感恩节，但这个感恩节我始终不能忘记，我还记得一个陌生人的温情驱散了我那个感恩节中的沮丧、恐惧、孤寂。"

因此卡耐基郑重忠告说：帮助别人就是帮助自己。凭借这条原则，就应该可以使别人喜欢你或是培养真正的友情。

在别人需要的时候表达你真诚的帮助，你的举动才是明智的。青年人要记住这条原则，在今后的事业、生活中，养成真诚的习惯和生活态度，做一个真切关心他人的人。

【感悟箴言】

　　水草肥美的地方鸟儿多，心地真诚的人儿朋友多。交友其实就像人每天呼吸、休息、用餐一样，很平常、很必需，所以人与人之间只有以诚相见，不护短，在大是大非问题上不迁就，才能换得永久的信任和友谊。真诚的友谊和无瑕的信赖，是一曲从心弦深处弹奏出来的歌。可以说，天平的两头是砝码，友谊两头是真诚。

　　生活在真诚的环境中是一种幸福。真诚使人们对生活感到温暖，对具有美好人情的社会倍感可爱。只要我们敞开胸怀，真诚就如春风，既温暖了自己，也感染了别人；既滋润了心田，又浇灌了花朵。真诚是生活中的美，只有真诚才能永远。

有诚信，才能有真心朋友

　　只有用诚信建立起来的友谊，才是可靠的，才能在你需要的时候，给予你帮助和关怀。对于成大事者而言，诚信是交友的原则之一。青年人要掌握好这个原则，在诚信的习惯中结交朋友，扩展人际合作关系，从而为将来的事业打下基础。

　　《诗经·小雅·伐木》写友情以鸟作比喻："伐木丁丁，鸟鸣嘤嘤；出自幽谷，迁于乔木，嘤其鸣矣，求其友声。相彼鸟矣，犹求友声；矧伊人矣，不求友声？神之听之，终和且平。"其诗《序》曰："《伐木》燕朋友故旧也。自天子至于庶人，未有不须友以成者。亲亲以睦，友贤不弃，不遗故旧，则民德归厚矣。"所谓朋友，物以类聚，人以群分。有各种各样的人，也就有各种各样的朋友。有酒肉之交，也有生死之交；有势利之交，也有道义之交。但酒肉之交与势利之交不能算作朋友之交，而只能算作利害关系暂时的和松散的组合。一旦发生利害冲突，他们就会反目为仇。只有用诚信建立起来的友谊，才是可靠的，才能在你需要的时候，给予你帮助和关怀，这也正是我们常说的君子之交。

　　所谓君子之交，其一重在道义。所谓道义，就是在共同道德理想的基础上，用信义原则凝结起来的友谊。孔子说："有朋自远方来，不亦乐乎?""朋友切切偲偲，兄弟怡怡。"志同道合者为"友"，同出一师之门为"朋"。古人一直以为人们在追寻知识、德行时，在情感契合的基础上，以及在思想和感情的交流、感应过程中自然而然地产生了友谊。千百年来脍炙人口的钟子期与俞伯牙高山流水遇知音的故事，说明了古人交友贵在相知、贵在真挚的原则。因此，死亦在所不惜。

周宣王时，大臣左儒就曾理直气壮地向君主宣称:"君道友逆，则顺君以诛友;友道君逆，则率友以违君。"结果他终于不屈服于宣王的淫威，以死来明君之过和友人"杜伯之无罪"。远在春秋时期，人们便以结交友情是否符合道义来作为其衡量标准了。在长期的封建社会里，虽然忠君的思想一直存在，但与此并行的同样也有许多为坚持正义和原则，宁肯得罪君王权贵也要救助支持友人的动人事迹。欧阳修说:"君子以同道为朋，小人以同利为朋。纣有臣亿万，惟亿万心，可谓无朋矣，而纣用以亡。武王有臣三千，惟一心，可谓大朋矣，而周用以兴。故为君但当退小人之伪朋，用君子之真朋，则天下治矣。"交友之道，还在于互补，人贵相遇、相知，双方的长短应相互补充。个人的情操在相互间的取长补短中得到砥砺，而学识的修养在其中得以培养。我国传统的砺行治学观点是君子以文会友、以友辅仁;学而无友则孤陋寡闻;行而无友则形单影只。李白赠友人诗云:"人生贵相知，何必金与钱。"他在赠孟浩然的诗里，又从另一角度表达了自己看重交友的心情:"高山安可仰，徒此挹清芬。"鄙薄金钱多利，交意气相投、操守高尚的朋友，这正是古人择友的标准。杜甫和李白亦是忘年之交。"寂寞书斋里，终朝独尔思。"在寂寞的冬日里，杜甫回忆着与李白论诗的情景，不觉深深感到"白也诗无敌，飘然思不群。""故人入我梦，明我长相忆。"仰慕之情，不可名状。在这些诗句里，交友所追求的互为补充、互相学习、追求进步与提高境界的意涵得以表达。

朋友，既然如此称呼，就要名副其实，真正的朋友之间是有着一种纯正的感情的。这种感情比亲情更理解人，比爱情更持久，这是一种情感中的深谷幽兰，散发着长久的清香。这就是友情，是朋友之间的真正情谊。为了朋友间的情谊，以实际行动去浇灌友谊之树，使之常青不败。为了友情，赴汤蹈火在所不辞，这都是古人们对待情谊的真挚态度。例如广为人知的李白与杜甫、韩愈与柳宗元、白居易与元稹等人之间的友谊故事，长久地在后人中间传为佳话。

青年人交友不仅注重情谊，还要看对方的志向和胸襟。目光远大、胸怀开阔的美德亦是古人看重情谊的表现，同时也应为今人所用。古人对朋友的称呼有"朋友""好友""益友""良友""死友""生友""文友""画友""诤友""畏友"等。这最末两个的意思就是能够直言规劝自己过错的朋友。

《资治通鉴》中记载，吴大司马吕岱，十分推重徐原（字德渊），推荐他做了侍御史。性情忠直的徐原总是有什么意见就当面提出来。吕岱处理政事时常有失，徐原经常当面谏争，又在公开场合评论之，吕岱不仅不怪罪，反叹曰："是我所以贵德渊者也！"后来徐原早逝，吕岱十分悲痛，说："我以后再从何人处去听到我的过失呢？"古人为政立德的重要方面便是虚怀若谷，真诚欢迎和听取友人对自己的批评，用以不断改进、提高自己的政声和操行。唐代诗人王健曾作《求友诗》："鉴形顺明镜，疗疾须良医。若无旁人见，形疾安自知。纵令误所见，亦贵本相规。不求立名声，所贵去瑕疵。"他运用比喻说明人要真正认识自己，了解自己的缺点和不足，必须依靠正直的朋友。通过朋友的规劝、勉励、指正，求得个人德行的提高。只有这样，才是"君子之交"。

青年人要交"君子"，在交友时要有选择，择善而交，择诚、择信而交。

孔子说："三人行，必有我师焉，择其善者而从之，择其不善者而改之。"又说："见贤思齐焉，见不贤而内自省也。"古人这种对待交友的主张，是和个人的德行、操守有关的。管宁、华歆共园中锄菜，见地有片金，管挥锄与瓦石不异，华捉而掷去之。又尝同席读书，有乘轩冕过门者，宁读如故，歆废书出看。宁割席分坐曰："子非吾友也。"

华歆的世俗和浮躁，使管宁难以以其为友，这说明了"友者，友其德也"这样一个道理。欧阳修在其《朋党论》一文中说："大凡君子与君子，以同道为朋；小人与小人，以同利为朋，此自然之理也……小人所好者禄利也，所贪者财货也。当其同利之时，暂相党引以为朋者，伪也；及其见利而争先，或利尽而交疏，相反相贼害，虽其兄弟亲戚，不能相保……君子则不然，所守者道义，所行者忠信，所惜者名节。以之修身，则同道而相益，以之事国，则同心而共济，始终如一。此君子之朋也。"宋人范仲淹曾以言事而遭到三次贬黜，他的朋友因此越来越少，只有王子野依然在范仲淹遭贬时还留他在京多居几日，"抵掌极论天下利病"。后来有人见了子野，害怕地告诉他，说如果有人告密朝里，要抓朋党的话，你将是第一人哩。子野却毫不在乎地说："果得觇者录某与范公数夕之论进与上，未必不是苍生之福，岂独质之幸哉！"这就是古人所推崇的以"同志为友"，也就是志同道合者方可称得上朋友。为了朋友，为了真理，一切都可以不顾。由于有人在朝中作梗，销烟英雄林则徐在虎门销禁鸦片，打击英人的猖狂气焰后被查办，遣戍新疆。清廷大学士王文恪在治理黄河时，朝廷又派林则徐一同协办。王、徐在一起成了好朋友。王深感朝廷不能用人，及完工之时，告诉林自己将极力向朝廷推荐。但是，朝廷始终不听，甚至有一次还说王是喝醉了，说了胡话。再谏，"上怒、拂衣而起"。王文恪回府之后，"归而欲仿史鱼尸谏之义，其夕自缢薨……"以死相荐友人，这需要多么大的勇气和力量！但要古人们看来，"士为知己者死"，是死得其所，死得有价值的。所谓的择善而交，尤其是"莫逆之交""贫贱之交"往往是以同心相契，富贵不移，以道义为重的交往。历史上人们所最不齿的是那些以私利相媾和的"势交""贿交"，尤为痛恨那种卖友求荣的富贵易交之徒。晋嵇康与山巨源绝交书，表明了作者的志向和痛心于朋友的势利，其情其义跃然于纸上。汉朱穆《与刘伯伯绝交诗》中痛斥旧友刘宗伯嗜欲无极、见利忘义的行为，提出"永从此诀，各自努力"，与其分道扬镳，同样也体现了重道义交友的原则。古人在极力推荐那种不慕势利、道义为重的交友思想的同时，亦努力将其付诸实践，从而为后人既留下了极为丰富的精神遗产，又促进了今天我们人与人之间的交往。

青年人要摒弃自身的缺点，学习古人的优点，在为人处世、交友创业之中，以诚信为本，使自己成为一个有"信"有"义"的人。在朋友危难之际，能够伸出援助之手，济人于危难。

交友之道的另一方面是要能济人危难。朋友之间的道义往往以信诚为先，有危难总是能够帮一把。济人危难、助人为乐亦是一种社会功德。清人唐甄在《潜书·交实》中写明，朋友在生活上应该互为关心。

范仲淹便是这样一个人。

> 范文正公在睢阳，遣尧夫于姑苏取麦五百斛，尧夫时尚少，既还，舟次丹阳，见石曼卿，问寄此久近，曼卿曰："两月矣。三丧在浅土，欲丧之西北归。无可与谋者。"尧夫以所载舟付之。单骑自长芦捷径而去。到家拜起，侍立良久。文正曰："东吴见故旧乎?"曰："曼卿为三丧未举，留滞丹阳。时无郭无振。莫可告者。"文正曰："何不以麦舟付之。"尧夫曰："已付之矣。"

德行，是一个人的名誉和今后的为人处世的资本，是身后与生前的美丽阳光。免人之死，解人之难，救人之患，济人之急，这是一个人德行的表现。德行通常并不是一种名声，而总是伴之以实际的行动。不仅仅拔刀相助见义勇为，其实倾囊相助、相济亦是见义勇为。《水浒传》上讲宋江有一江湖名号"及时雨"，是说他在江湖人士有难时，不管认识与否，如求到面前，必尽力相助。我们民族得以凝聚起来的一个动力实质上就是互助义举。朋友相交，仅以势利为前提，总是不持久的；但若不求图报，而求相知，却是永恒的。钟子期与俞伯牙之间看似只是艺术爱好上的纯志趣相投与相知的故事一直为人津津乐道。但细细考究，这个故事说明的是崇高纯真心灵的撞击，是对重视情谊最生动的表现。这里所说的知音决非对音律的有所悟透，而是人品、道德的敬重，以及为使友谊长久所进行的不断培养，是诚，是信，是义，是一种优秀的品质。

在今天这个社会里人们的交往依然需要从我们的先辈那里汲取营养。在志向上互相勉励，事业上目标一致，沟通思想，取长补短，团结尊重，互相帮助，坚持原则，互相爱护是我们今天交朋友的友谊方面的基本道德规范。这种道德规范从其本质内容上和我们的民族文化、民族精神有着割不断的血脉联系。当我们摒弃所有的自私、愚昧、盲从之后，新型的朋友关系就应该兼具古老文明与现代文明的双重优点。在我们充分地了解、运用、发扬民族优秀传统的前提下，建立起真正平等、互爱、互助、无私的朋友关系和情谊。用你的真诚给你身边的人带来欢乐，用你的诚信赢得你事业上的成功。

【感悟箴言】

诚实守信是中华民族几千年来源远流长的传统美德，民间的"一言既出，驷马难追"，都极言诚信的重要。几千年来，"一诺千金""一言九鼎"的佳话不绝于史，广为流传。

生活中，诚信已经成为大家友谊的桥梁，人们都以诚信为最好、最珍贵的高尚品德：商人做生意需要诚信，朋友之间也要讲诚信，工作学习也需要诚信。

做个恪守诺言的人

对于成大事的人而言，手中都有一张"信用卡"——以诚信处世。诚信，不仅是做人的准则，也是处世的原则和方法。青年人要以诚信的态度处世，养成诚信的为人习惯。处世以"信"为原则，讲信义、重信义，这样的人才会为世人所接受，也才会在危难之时获得帮助，从而走到目的地。

"一诺千金"表明了古人相当看重信义，即一旦你答应的话就不能随意更改，一言既出，驷马难追。周文王演《周易》，其中有"天之所助也，顺也；人之所助也，信也。"由此可知，我们民族的行为准则——诚信可以追溯至殷商时代。孔子把"信"的位置看得很高，学生子贡向他请教治国之道，他讲了"足食、足兵、民信"三条。子贡问如果这三者只能做到两个，您先去掉哪一个呢？孔子想了想说："去兵。"又问再去一个是什么？孔子说："去食。自古皆有死，民无信不立。"当你的百姓已经不再对自己的国家心有信任时，这个国家继续生存的可能性也就不大了。周幽王为"千金买一笑，烽火戏诸侯"而失信，终至丧国，可说是最惨痛的事例了。而商鞅变法，立木为信以兴秦国的故事，也说明做事情必须先把信义摆在前面。项羽的大将季布是一个重友情守信义的男子汉，楚人有句谚语说他：得黄金百斤不如得季布一诺。诺，就是古人应答的声音，类似于现今的"可以""好的"的意思。春秋时，晋文公重耳曾多年流亡国外，在他路过曹国时，曹共公对他很不礼貌。曹国大夫僖负羁的妻子对丈夫说，我看重耳的随从都是可任相国的人才，这位公子将来一定要回国称霸，对他无礼，我们会遭殃的。于是僖负羁派人送了一餐精美的饭食，并在饭食里暗藏一块玉璧。意思不仅是修好，而且暗指重耳是玉一样贵重的人物。重耳很感激，接受饭食而退还了玉璧，人称"受飧而返璧"。后来，当他们到达楚国的时候，楚王隆重地接待了他，但同时也询问他会如何报答自己。重耳说："玉帛珍宝，楚国都有。倘若托您的福，将来回到晋国，万一楚晋发生战争，相遇中原，我一定避君三舍（古一舍为30里），以示感谢。如果你仍不肯罢休，我只好拿起弓箭，与君周旋。"过了两年，重耳做了晋国国君。隔了三年，晋楚果然交战城濮，晋文公遵守前诺，主动后撤90里。但楚王却不肯罢休，致使大败。

重信义能助人成功，不重信义、轻诺寡信的效果正好相反，它们是处世的最大障碍。唐高宗李治死后，传位于太子李显。李显急着要给自己的岳父韦怀贞封官，为此大臣们持各种不同见解。年轻气盛的李显不及思考说出了"不要说给个御史，就是把天下给他又有什么不可"的话。太后武则天听后大怒，当即决定废帝另立。君无戏言，天下社稷这样的大事，李显却敢随口乱许。战国时的张仪，由于年轻时很贫穷，常做出轻诺寡信、巧言令色的事，因此别人一直瞧不起他。有次在楚相府作客，大家传看的一块玉石找不到了，就以为是张仪偷的，把他捆起来拷打，抽了他几百鞭子。张仪获释后妻子劝他安分守己，不要再去游说骗人，他说："只要我的舌头还在嘴里，这就足够了。"之后数年，张仪成为秦王的座上客，其以商於六百里为诱饵，欺诈楚怀王，破坏齐楚联盟，怀王最后找张仪要土地，张仪给他的只是六里地。张仪遍历楚、韩、齐、赵、燕诸国，或许诺，或信誓旦旦，或连哄带吓，使六国的"合纵"之策土崩瓦解，秦国得以各个击破。但靠轻诺寡信的作为是不得人心的。信任他的秦惠王死后，秦武王很不喜欢他，认为他是"左右卖国以取容"的娼妓行为。张仪只好回到了魏国，不敢再回到秦国。回国后的张仪因为惧怕遭人报复，因此一直过着大门不敢出、二门不敢迈的生活，直到在家里郁郁而死。春秋战国时期，正是一场社会政治、经济、文化和思想的大变动时期。这一时期有各种各样的思想派别产生，但似乎都十分推崇"义士"这样的人。因为讲信义的"义士"是值得信赖和托付大事的。

"荆轲刺秦王"的悲壮故事源自于燕太子丹憎恶秦王的暴虐，于是处士田光为他推荐了义士荆轲。田光告诉荆轲："忠厚长者行事，是不应当引起别人怀疑的，但太子丹同我谈话后，特地嘱咐我不要泄露，这分明是信不过我。不能使人无疑，这算什么节烈豪侠之士？请你转告太子，就说我田光已经死了，以显示我决不会泄露他人的机密。"说罢便自刎而死。

从这则故事，我们可以看到，由于田光对荆轲的器重，使荆轲不能不考虑信诺的问题。此时，虽然此行成功的概率不大，但荆轲依然受命去刺杀秦王，原因仅是由于一个"义"字。"士为知己者死"这是古代义士们的一句格言。今天看来虽然有很多值得商讨的成分，但古代人纯朴耿直忠烈的观念，忠诚和言行一致的做法，是值得今人去效法的。古人看重信义的核心是良知与德行。东汉人朱晖，有乡党张堪非常器重他的为人，有次说起闲话，张堪说万一我有什么不幸，我的妻子可托的人只有朱晖了。朱晖当时并没有答应什么。虽然后来二人长时间不往来，但是当朱晖知道张堪病死，且其遗孀非常贫困时，他特地前往慰问照顾。朱晖的孩子很奇怪，说父亲和张堪并无深交，也没答应他什么，现在怎么要去照顾他的家小了。朱晖说："堪尝有知己之言，吾以信于心也。"也就是说，张堪已经把他视为知己了，虽然他没有说什么，但在内心已经不能辜负人家对自己的信任和付托了。这种"信于心"是和田光、荆轲这样的人有异曲同工之处的。

"信"是如此重要，青年人一定要做诚信之人，而还有比"信"更重要的，那就是"义"，孟子说："大人者，言不必信，行不必果，惟义所在？"这句话怎么理解？晋国的大臣赵盾是位贤相，因为多次劝谏晋灵公，灵公厌烦他了，便派力士钼麑前去刺杀他。当钼麑潜入赵盾住所时，赵家不但敞开着大门，连内室的门也是开着的，并无严密警卫，室内外陈设也很俭朴。当时天还未亮，赵盾却已经把衣帽穿戴得整整齐齐，端端正正坐在那里等着上朝议事。看到这种情景，钼麑大为感动，叹息道："杀忠臣弃君命罪一也。"遂取义而弃信（信在此处是为信于君命），说明了义之重要。还有民间流传陈世美负心的故事。当陈世美中了状元之后，被派去刺杀秦香莲母子的韩琦，就宁可取义而失信，也不杀无辜的母子，最后自刎而死，也说明了这个道理。所以，古人在取道时，常常把"信义"连在一起考虑，并非把它们割裂开来。任何社会中，一个人在思想上、品质及至能力等方面是否成熟的重要标志便是他是否信守诺言，是否轻易许诺。因此，"诺必诚"就包含了这样两层意思：一是说到做到，二是许诺前要三思而行。古人的经验值得我们学习，前车之鉴，青年人从中应该学到对自己有益的东西。在今后的事业发展中重"信"讲"义"，做一个值得他人信任，值得社会和家庭信赖的人，成为社会的中坚力量，无论行商还是为学，行商就讲商业信义，做学问就讲做学问的原则。

商业在中国古代的小农经济中虽然并不十分发达，但是却伴随了整个社会发展的始终。在今天我国实行改革开放和市场经济之际，探讨一下中国古代商人的诚信经商是有着积极意义的。

旧时的经商者们往往因某些人的关于经商的至理名言而将他

们奉为自己的祖师。范蠡植农经商，很有办法，他主张"十分利只取一分"，被后人尊为文财神。于是，财神也就有不同的形象，如茶叶店挂陆羽像、绸布店挂嫘祖像，而一些大商店、大银号则高悬武财神关羽的像。这其中的含义除了桃园三结义般的精诚团结外，更重要的在于关羽是个忠诚侠义的汉子，为人做事诚信是放在第一的。

明人张萱《西园闻见录》讲了这么一件事情：

> 郑金、吕荣年，顺昌人。自幼相友善，以鬻贩为生，所至，人推其诚。年三十，合赀仅百金，偶被盗去，郑曰："此金置吾舍，知者为盗，不知者谓吾匿。"遂称贷偿之。是岁获利大，人咸曰："天报善人如此。"一日，郑往水口贩盐，计所得，倍其值，今番清损。商人不信，郑无如之何。与吕公之初，不以吕之不知而私，凡所贮，一钥二匙，出入各不相问。

张萱讲的这些，说明了那时经商的人是非常看重德行的，毕竟一些农重商轻的传统意识认为"无商不奸"的观念只是社会的负面，而早在唐朝时，我国就已有了十分规范的商业发展了。

唐代商业一般都成立行会。行会是同业商人的组织，在行会中由大家推举出德高望重的人来担任"行头""行首"，负责对内对外的一切事务，并规定行德。各成员的地位在名义上都是平等的。1956 年在北京房山发现的唐代石刻佛经里，记载幽州（北京）的商行就有米行、肉行、油行、果子行、炭行、磨行、布行、绢行、丝绵行、生铁行、杂货行等。当更大规模的商行在宋代出现之时，商行也就制定了类似于划出会员营业范围，规定会员义务、货物价格，经商的商业道德和信义的规约。为了使人容易辨认，各行的衣服装束也不同，很有类似今天的场服、工作服。当时东京汴梁市上至少有 160 行，行户合 6400 多户，各行衣着不同，因此在街上行走，一看便知道是哪一行的。宋代的商行对外来散商管制很严，不经投行，不准上市。因此在排除同业竞争的因素之外，保护本地经商者的信誉也就成了另一十分关键的因素。到了明代中叶，商人的行会组织向会馆发展。这是一种团结同乡人，经商时相互帮助的乡土性的行会组织，台湾学者李亦园在分析晋商（乔家大院）的理财文化时这样说：

乔在中堂的人不但有现代企业经营理念，知人善用，而且懂得如何建立一套合理的制度，然后交给经营者去运作。乔氏商业行号中对职工的管理极严，不准接眷来店，不准娶妾、宿娼、赌博，不准自开商号、储私放款等等。但是对工作人员也有优厚的一面。他们行号中有所谓的"顶身股"的制度，也就是高级职员可以依其任职的年份取得不同程度的股权，每三年结账期可取得优厚的股份红利，这可以说已是现代企业员工参与经营的理念了。职工们视公司如自己的事业，能够尽心尽意去做，不仅结账期可分得应有的红利，逝世时也可以得到长期的抚恤。另有更特别的设计，那就是分红利也有一定限度，不是把所有盈余都照顾均分，而是保留相当分量作"厚成"，也就是增资之意，这样既可以扩大资本，又避免职工因红利分得多而私自发展自己的企业……乔家的人除去懂得建立经营制度之外，也有他们一套商业伦理，表现了相当细致而有长远眼光的经营精神，而不是现实、功利、巧取豪夺的作风；人弃我取、薄利多做；维护信誉、不为虚假；小忍小让、不为己甚；对待"相与"，慎始慎终等。其中所谓"相与"，也就是互有交往的行为，也许用现在台湾的术语，就是有"交陪"者，都给予非常宽容的待遇，对破产者有时不索赔且给予资助，最终得到的是大家一致的拥戴与赞誉。

诚与信是中国思想中的传统品德，是中国商人最崇尚的道德信条，也是他们得以发迹和发展的基础。在现代社会中，诚信具有更重要的意义。我们知道，人们之间的社会行为从功能上说，以合作活动和交换活动为主。例如工厂、农村、机关、公司中，人们的工作都是以合作的方式进行，甚至在一个家庭中也少不了合作。交换与传递在合作中必不可少，最典型的是在商业领域，买卖、委托、招聘、雇佣等，几乎每一种合作或交换都涉及守信、守约。在个人与个人之间，群体与群体之间体现了守信守约的多层次性。现代社会，除以法律的硬性规定来保障交换行为的可信外，一个人只有靠长时期的立诚守信行为才能建立起信誉，信誉本身是有价值的，它是一个人、一个企业的通行证、信用卡，处世讲求诚与信，这是我们这个古老民族在现代社会的座右铭。

青年人要利用好这个座右铭，不断激励自己、鞭策自己，做一个讲诚信的信义之人，在事业发展中取得骄人的成绩。

【感悟箴言】

诚信，一个亘古的话题，它贯穿于人类的历史，在其中占据了重要的一角，发挥了不可磨灭的作用。

诚信，即诚实，守信用。现代社会，在灯红酒绿中，在车水马龙中，在摩肩接踵时，许多欲望在或璀璨或幽暗的世界里潜滋暗长，喧闹与躁动似乎使我们失去了成长的方向，但诚信始终应是我们生活的信条、做人的准则。

真诚带来的温暖

美国前国务卿奥尔布赖特曾经是 BON 电影公司的公关部经理。她面临着巨大的职业挑战，同时又必须面对许多现实的东西，像人际关系的处理、家庭生活的和谐等，但她巧妙地使这些繁琐的事情顺畅起来。

比如，她的下属总会在某一个繁忙的下午突然收到一张上面写着诸如"你辛苦啦""你干得非常出色"之类的小卡片，或一份精致典雅的小礼物。而在她丈夫生日的那一天，她总会努力举办一个家庭小舞会，而且是一个人事先布置好，就这样，在繁忙工作的间隙，她并没有花太多的时间，却给他人送去了一份又一份快乐。

她对这一做法，饶有兴趣地解释说："大家的节奏都那么快，大部分人都忘了一些最基本的问候，都认为这些是无足轻重的小细节。其实正是这些细小的方面使人与人之间的情感变得不那么紧张，所以我就想：为什么我不能做得更好些呢？"

她又说："一份小小的问候就能体现出一个人的真挚和诚意，

使他人感到温暖。人与人之间渴望沟通和交流，而这些细小的方面是最能体现出你的那一份心意的。这是对我个人形象、风度的一个最佳传播，当她们看到那张卡片的时候，就一定会想起我，而且在她们心中隐含着对我的那一份谢意，会使她们更认为我是一个完美无缺的人，她们总会想到我好的地方，不会注意我的缺陷。"

【感悟箴言】

显然，奥尔布赖特的这一番言论有许多值得我们借鉴的地方，人与人的关系不一定非要在大事中才能体现出来，在日常生活的琐碎之中更能体现你的友善，反映你的"情感智力"。

既懂得工作的重要，也深信生活的乐趣，随时把心中最真诚的愉悦带给大家，这正是处理人际关系的要诀。

要善于引导对方

俄国伟大的十月革命刚刚胜利的时候，象征沙皇反动统治的皇宫被革命军队攻占了。当时，俄国的农民们举着火把叫嚷，要点燃这座举世闻名的建筑，将皇宫付之一炬，以解他们心中对沙皇的仇恨。一些有知识的革命工作人员出来劝说，但都无济于事。

列宁得知此消息后，立即赶到现场。面对那些义愤填膺的农民，列宁很恳切地说："农民兄弟们，皇宫是可以烧的。但在点燃它之前，我有几句话要说，你们看可不可以呢？"

农民们一听这话，便知列宁并不反对他们烧皇宫，于是答道："完全可以。"

列宁问："请问这座房子原来住的是谁？"

"是沙皇统治者！"农民们大声地回答。

列宁又问："那它又是谁修建起来的？"

农民们坚定地说："是我们人民群众！"

"那么，既然是我们人民修建的，现在就让我们的人民代表住，你们说，可不可以呀？"

农民们点点头。

列宁再问："那还要烧吗？"

"不烧了！"农民们齐声答道。

皇宫终于保住了。

【感悟箴言】

迁怒于物往往是思维简单化的表现之一，这时的关键在于疏导。面对激愤的群众，列宁五句循循善诱的问话，理清了群众思路，保住了这座举世闻名的建筑。他采取的步骤是，首先理解和赞同群众的观点，这样可以争取到引导群众的时间和机会；其次，正本清源，使农民们懂得，皇宫原来是沙皇统治者居住的，但修建者却是人民群众，如今从沙皇手中夺过来回归人民群众，就应该让人民代表住，这个道理是可以服人的，因此农民们点了点头。最后一问，是强化迂回诱导的结果，让群众明确表态"皇宫不烧了"，从而完全达到了目的。

有沟通才有效果

球王贝利，人称"黑珍珠"，是人类足球史上享有盛誉的天才。在很小的时候，他就显示出了足球的天赋，并且取得了不俗的成绩。

有一次，小贝利参加一场激烈的足球比赛。赛后，伙伴们都精疲力竭，有几位小球员点上了香烟，说是能解除疲劳。小贝利见状，也要了一支。他得意地抽着烟，看着淡淡的烟雾从嘴里喷出来，觉得自己很潇洒、很前卫。不巧的是，这一幕被前来看望他的父亲撞见。

晚上，贝利的父亲坐在椅子上问她："你今天抽烟了？"

"抽了。"小贝利红着脸，低下了头，准备接受父亲的训斥。

但是，父亲并没有这样做。他从椅子上站起来，在屋子里来回地走了好半天，这才开口说话："孩子，你踢球有几分天赋，如果你勤学苦练，将来或许会有点儿出息。但是，你应该明白足球运动的前提是你具有良好的身体素质，可今天你抽烟了。也许你会说，我只是第一次，我只抽了一根，以后不再抽了。但你应该明白，有了第一次便会有第二次、第三次……每次你都会想：仅仅一根，不会有什么关系的。但天长日久，你会渐渐上瘾，你的身体就会不如从前，而你最喜欢的足球可能因此渐渐地离你远去。"

父亲顿了顿，接着说："作为父亲，我有责任教育你向好的方向努力，也有责任制止你的不良行为。但是，是向好的方向努力，还是向坏的方向滑去，主要还是取决于你自己。"

说到这里，父亲问贝利："你是愿意在烟雾中损坏身体，还是愿意做个有出息的足球运动员呢？你已经懂事了，自己作出选择吧！"

说着，父亲从口袋里掏出一叠钞票，递给贝利，并说道："如果不愿做个有出息的运动员，执意要抽烟的话，这些钱就作为你抽烟的费用吧！"说完，父亲走了出去。

小贝利望着父亲远去的背影，仔细回味着父亲那深沉而又恳切的话语，不由得掩面而泣。过了一会，他止住了哭，拿起钞票，来到父亲的面前。

"爸爸，我再也不抽烟了，我一定要做个有出息的运动员！"

从此，贝利训练更加刻苦。后来，他终于成为一代球王。他的成功跟父亲的一番教导是分不开的。至今，贝利仍旧不抽烟。

【感悟箴言】

大凡人们最关心的往往是与自己有关的利益，因为人们毕竟生活在一个很现实的社会里，虽不能说"人为财死，鸟为食亡"，但人要生存，就离不开各种与己有关的利益。所以，当你想要劝说某人时，应当告诉他这样做对他有什么好处，不这样做则会带来什么样的不利后果，相信他不会不为所动。

说服是一种艺术

有一次，挪威一家剧团准备上演著名戏剧家易卜生所创作的剧本《海达·高布乐》，这出剧中的女仆贝蒂，虽然是个小人物，但易卜生却打算请当时的著名演员渥尔芙夫人扮演。渥尔芙夫人得知后，很不高兴，认为自己是个名演员，在剧中扮演小角色，那真是大材小用，有失尊严。于是，她便通过另一位女演员向易卜生转达婉言谢绝的意见，建议让一位不出名的女演员扮演贝蒂。尽管渥尔芙夫人没有直截了当地表白自己的内心想法，但易卜生一下就明白了。

易卜生想来想去，没有采取粗暴、生硬、简单的办法，而是写了一封语气委婉、态度诚恳的信。在信中，他这样写道："在这个剧团里，除了你以外，其他的女演员都不能按我的要求扮演贝蒂这一角色。你是清楚的，在这出剧中的主人公泰斯曼以及他的老姑母和忠实的女仆贝蒂，共同构成了一幅完整统一的图画。重要的是，这出剧成败的关键就在于是否能表达出他们中间存在的和谐。毫无疑问，你是一位具有良好素质的优秀演员，凭借你的判断力，我真的不相信你会认为扮演女仆就会降低自己的尊严。我始终认为，你并不以扮演什么角色为骄傲，你所看重的是从艺术虚构的角色中创造出来的真正的人……"

渥尔芙夫人收到易卜生的信后，非常感动，觉得易卜生让自己扮演女仆贝蒂，正是基于对自己的信任。想到这些，她顿时感到十分羞愧，马上去找易卜生，爽快地答应了下来。

【感悟箴言】

说服是一种艺术，也是一种修养。善于说服的人，能够打动人并使人容易接受。一位优秀的沟通好手，绝对善于询问以及积极倾听他人的意见与感受。在与人接触以及沟通时，如果能随时随地仔细观察并且重视对方情绪上的表现，慢慢就可以清楚了解对方的想法及感受，进而加以引导，使对方心悦诚服。

善于互信合作

　　不管与谁合作都要以信任为基础，然后协调彼此的关系和能力。求同存异，量才适用，互谅互助，相信你一定可以把与合作者的关系处理好。

天堂和地狱的区别

　　有一天，有位教士找到上帝说："为什么有那么多的人心胸狭窄，宁愿自己受到损失，也不让他人得到好处？为什么不少人只看重自身的利益，为了一点小利彼此间斤斤计较，哪怕别人多得一点点好处也会耿耿于怀？为什么一些人单个是条龙，几个人到了一起时反倒变成了一条虫？"上帝听后点点头，不无感慨地说："这个吗？单凭说好像也没有多大的可信性，还是带你到天堂和地狱看看吧。"

　　上帝带着教士先来到地狱。教士发现地狱摆着一口煮食的大锅，锅里有各种美味，周围坐满了人，但个个面黄肌瘦，愁眉不展。教士纳闷，锅里有这么可口的美食，他们怎么还个个愁眉不展？教士又细心地察看了一番，他发现每个人手里握着一只长柄的勺子，无法将美食送到自己嘴里，大家只得苦着脸眼睁睁地挨饿。

　　看完了地狱，上帝又带着教士走进天堂。天堂里跟地狱里一样放着一口煮食的大锅，锅周围也坐满了人，但是这里的人却个个满脸红光，精神焕发，十分愉快。教士不解地问上帝："为什么天堂里的人这么快乐，而地狱的人却愁眉不展啊？"上帝说："你没看到呀，这里的人用长柄的勺子从锅里挖出饭来，不是先送到自己的嘴里，而是互相喂给别人吃，这样所有的人就都可以吃到食物了。同样的事情只是改变了一下思维和心态，不就很容易地解决了勺柄过长的问题吗？难题破解了，大家都能有饭吃，日子当然过得快乐。"

【感悟箴言】

天堂和地狱的最大区别就在于能不能、会不会、愿不愿与别人合作。今天，任何单独的一个人都不可能去完成所有的事，人和人之间必须紧密配合，团结一致，这样才能取得成功。因此，如果你在工作中只看到自己的利益，却忽视团队的利益而没有团队精神的话，就不仅很难在现代的公司里立足，在生活中也不会得到快乐。

要先学会付出

有一个人在沙漠行走了两天，途中遇到暴风沙，一阵狂沙吹过之后，他已认不得正确的方向。正当快撑不住时，突然，他发现了一幢废弃的小屋。他拖着疲惫的身子走进了屋内。这是一间不通风的小屋子，里面堆了一些枯朽的木材。他几近绝望地走到屋角，却意外地发现了一座抽水机。

他兴奋地上前汲水，却任凭他怎么抽水，也抽不出半滴来。他颓然坐地，却看见抽水机旁，有一个用软木塞堵住瓶口的小瓶子，瓶上贴了一张泛黄的纸条，纸条上写着：你必须用水灌入抽水机才能引水！不要忘了，在你离开前，请再将水装满！他拔开瓶塞，发现瓶子里，果然装满了水。

他的内心，此时开始交战着……如果自私点，只要将瓶子里的水喝掉，他就不会渴死，就能活着走出这间屋子！如果照纸条做，把瓶子里唯一的水，倒入抽水机内，万一水一去不回，他就会渴死在这地方了……到底要不要冒险？

最后，他决定把瓶子里唯一的水，全部灌入看起来破旧不堪的抽水机里，以颤抖的手汲水，水真的大量涌了出来！

他将水喝足后，把瓶子装满水，用软木塞封好，然后在原来那张纸条后面，再加他自己的话：相信我，真的有用。在取得之前，要先学会付出。

【感悟箴言】

生活时时处处在启迪着人们，一个人价值的实现，不能只顾及个人生命和利益的存在。并且，它也不由自己给自己的生存意义给予评判，个人不能离开他赖以生存的群体，不能离开由这么多群体所构成的社会；个人的生命价值是由他人、社会给予评判的。只有在一定的社会条件下，个人的人生价值才能得以体现出来。所以自私的人往往是做不成大事的。

一锅神奇的石头汤

有一个装扮奇特的人来到一个小村庄，他在路上走着，看到迎面走来的几个妇女，他就对这几个妇女说："我有一颗神奇的汤石，如果把它放到沸腾的锅里，就可以煮出一锅美味的汤来。如果你们不相信，我现在就可以煮给大家喝喝看。"

大家都感到很奇怪，她们有点儿不相信，一块石头怎么会煮出味道鲜美的汤呢？但又都想知道世界上是不是真有这么神奇的石头。

于是便有人找来一口大锅，有人提了一桶水，并且架上炉子和木柴，就在村子的广场上煮了起来。火势很快就上来了，锅里的水在熊熊的火焰中开始沸腾。

这个陌生人很小心地把汤石放到滚烫的水中，然后用汤匙尝了一口，兴奋地说："哇！太好喝了，这是我做过的汤里最鲜美的。如果再加点洋葱就好了。"

旁边的人兴冲冲地跑回家拿了一堆洋葱。陌生人让大家把洋葱剥好，放到了锅里，然后开始搅拌。做完这一切他又尝了一口说："太棒了，不过，我相信如果再放一些肉片，这锅汤就会成为你们喝过的最香的汤了。"

屠夫的妻子听后连忙赶回家端来一大盒切好的肉，倒在了锅里。陌生人又建议道："再有一些蔬菜就更完美了。"

在陌生人的指挥下，有人拿了盐，有人拿了酱油，还有人捧来了其他的调味品。当大家一人端着一个碗在那里享用时，他们发现这果真是一锅美味好喝的汤。

大家都不知道这是怎么一回事，世界上难道真的有这么神奇的石头吗？

【感悟箴言】

石头就是普通的石头，汤也不过是普通的洋葱肉汤，但是加入了超人的智慧和大家的努力，这锅汤怎么会不好喝呢？一个人可以聪明绝顶、能力过人，但若不懂得积极热情地培养和谐的合作关系，不论能力有多大都是难有特别成就的。不积极热心的人，在团体中只会做好被吩咐的工作。愿意付出的人就算能力有限，却能带动团队，集合众人的力量，使工作加倍顺利进行。

学会与人合作

良好的人际关系，对你的将来，对你的一生都有很大的影响，一定要慎重。"牵手"在这里指的是双方合作。青年人要想成大事，必须学会"牵手"，一方面可以弥补自己的不足，另一方面可以形成一股合力。团结才有力量，只有与人合作，才会众志成城，战胜一切困难，产生前进的巨大动力，说合作是生存的保障实不为过。所以，养成良好的合作的习惯，就关系到青年人的前途大业。

一盘散沙，尽管它金黄发亮，也仍然没有太大的作用。但是如果建筑工人把它掺在水泥中，就能成为建造高楼大厦的水泥板和水泥墩柱。如果化工厂的工人把它烧结冷却，它就变成晶莹透明的玻璃。单个人犹如沙粒，只要与人合作，就会起到意想不到的变化，变成不可思议的有用之材。青年要学会与人合作，掌握这种才能，从而领导自己的事业向前。不是所有人都能有效地与人合作，善于团结人的人，天生就是一个领袖人物。他能引导其他人进行合作，或者引导他们团结在自己周围，完成一项共同的工作，他善于鼓舞他人，使他们变得活跃。通过他的协作，他完成了单靠自己无法完成的工作。在他的协作下，以他为核心的这些人给社会提供了更加有效的服务。

有些人天生是服从者，他们不知道一件事情牵涉的范围有多大，不知道该如何面对和处理棘手的问题。但他们也有与人协作的愿望。只是他们的协作是一种消极的协作。他们会说："你看我适合干什么，只要你安排了，我就会尽心去做。"所以，通过是否善于合作，可以区分出一个青年人是不是一个可成大事的人。

成大事的人有极强的号召力，能鼓舞并指挥他属下所有的人员获得比在没有这种指挥影响力之下更大的成就。要想成功，必须拥有这种精神。为达到这一目的，可通过自愿的方式，也可通过纪律的强制，个人不断修正自己的想法，与他人达成谅解与合作。成大事者最赞赏的一种人际关系是和谐发展，为什么？人和，成事兴。人与人相处是一件很平常的事，人本来就是群居动物；人与人相处能够美好而又和谐，却又是一件很不容易的事。三教九流，人也各异。唯有和谐相处，生活才会美好，因为和谐是美的最高境界，而这种境界是需要用良好的合作来维持的。

"21世纪是一个合作的时代，合作已成为人类生存的手段。因为科学知识向纵深方向发展，社会分工越来越精细，人们不可能再成为百科全书式的人物。每个人都要借助他人的智慧完成自己人生的超越，于是这个世界充满了竞争与挑战。合作不仅使科学王国不再壁垒森严，同时也改写了世界的经济疆界。我们正经历一场转变，这一转变将重组下一个世纪的政治和经济，将没有一国的产品或技术，没有一国的公司，没有一国的工业，至少将来不再有我们通常所知的一国的经济，留存在国家界限之内的一切，是组成国家的公民。"

在21世纪的今天，世界化的科学与技术的合作早已超越了国境线，许多大公司开始做出跨国性联姻，财力物力与人力的重新组合，导致了生产效率提高和社会物质财富总量的增加，必将使科学技术的成果在更广泛的范围内造福于人类。

青年人要懂得学会合作，与人共处有着深刻的内涵。学会共处，首先要了解自己，发现他人优点，尊重他人。教育的任务之一就是要使学生了解人类本身的多样性、共同性及相互之间的依赖性。学校开设的诸种科目，无论是社会学科还是人文学科，都是为了传递人类的思想文化遗产，增进对于本民族和其他民族的了解，认识各自的文化特性和共同价值。了解自己是认识他人的起点和基础，正所谓"设身处地"。同时，教育作为个体社会化的过程，也注重从了解他人、他国、他民族的过程中更深切地认识自己，认识本国、本民族。这种了解和认识，始自家庭，及于学校，延至社会，推而广之于国际社会和各国人民及其历史、社会、经济、政治、文化、价值观念、风俗习惯、生活方式等等，并从这种深入的了解之中，培养人类的尊严感、责任心、同情心和对于祖国、同胞和人类的爱。

学会共处，就要学会平等对话，互相交流。平等对话是互相尊重的体现，相互交流是彼此了解的前提，而这正是人际、国际和谐共处的基础。

学会共处就是要学会用和平的、对话的、协商的、非暴力的方法处理矛盾，解决冲突。作为年轻人学会共处，最有效的途径之一就是参与目标一致的社会活动，学会在各种"磨合"之中找到新的认同，确立新的共识，并从中获得实际的体验。

青年人积极投身社会实践活动，不但能提高自己的工作能力，也能够提高社交能力和与人相处的能力。

良好的人际关系，对你的将来，对你的一生都会有很大的影响，一定要慎重。青年人要认识到这一点，养成良好的合作习惯，从而获得良好的人际关系，为成功奠定基础。你要想拥有合作共进的习惯——学会借势发挥的第一条法则是：善于人和，才能万事兴。取人之长，补己之短成大事。世界上最大的悲剧、最大的浪费就是：大多数人从事不最为适合其个性的工作。只有充分发挥自身优势并能利用他人的优势来弥补自己不足的人，才能在今天的社会中取得成就。

如果能取人之长，补己之短，就会在自己身上有一股"合力"的作用，而这种合力更能推动你由弱而强、由小而大，这是成大事者的共同特征。

每个人的能力都是有限的。青年人精力旺盛，认为没有自己做不完的事。其实，精力再充沛，个人的能力还是有一个限度的。超过这个限度，就是人所不能及的，也就是你的短处了。所以合作就更显重要。同时也因为你的能力倾向与其他人不同，每个人有自己的长处外，同时也有自己的不足，这就要与人合作，用他人之长补自己之缺。养成合作习惯的青年人，才会更好地完善自己，发展自己。

人的性格和能力是有差别的，这些差别是长期养成的。不能说哪一种类型就一定好，哪一种就一定坏。正是这些不同，所从事的工作性质就不一样。要想有所作为，首先得明白自己的性格和能力，然后选定一个适合于你自己类型的工作目标。在与人合作时，也应注意分析别人的性格特点，尽可能使每个人都能找到适合于自己的工作，也就是他能弥补你的短处，你能补救他的不足。

青年人最好能从事与自己个性相契合的工作，这样就一定会全心全意做好这项工作。世界上最大的浪费就是：大多数人从事不最为适合其个性的工作。过去的社会体制限制着个人，使得他们没有选择的权力。现在的社会，选择余地越来越大。好多人却仍然只是选择或从事从金钱观点看来最为有利可图的事或工作，根本没有考虑自己的个性和能力。现在，社会为我们提供了便利的条件和宽松的发展环境，青年人可以自由择业，这样的机会青年人一定要把握好，才不会在年老的时候回首往事时而感到遗憾。

只有充分发挥自身优势并能利用他人的优势来弥补自己不足的人，才会在今天的社会中取得成就。你要想拥有合作共进的习惯——学会借势发挥的法则是：把别人的长处嫁接到自己身上。

【感悟箴言】
当今社会，竞争非常激烈，要想获得成功，必须能够卓有成效地与人合作。学会与人合作是我们生存的必修课之一。明智人考虑此事对双方有何益处，从而寻求长久的合作之道，自己成功，别人受益；糊涂人却受不了别人从中得到好处，所以难以得到别人的帮助，也不会对别人有太大的帮助。

记住，"双赢"是合作的前提，也是目的。

明确你的责任

1968年，美国学者哈丁在其发表的《公地的悲剧》一文中，曾设置了这样一个场景：一群牧民一同在一块公共草场放牧。一个牧民想多养一只羊增加个人收益，虽然他明知草场上羊的数量已经太多了，再增加羊的数目，将使草场的质量下降。牧民将如何取舍？如果每人都从自己私利出发，肯定会选择多养羊获取收益，因为草场退化的代价由大家负担。每一位牧民都如此思考时，"公地悲剧"就上演了——草场持续退化，直至无法养羊，最终导致所有牧民破产……

【感悟箴言】

不难看出，悲剧的根源在于产权的不明确。如果草地为某人或某些人所有，他（他们）就会考虑如何长期有效地利用它，过度放牧就可以避免。公地的悲剧是产权不明确造成资源无效使用的一个经典例子。类似的例子还有公海的过度捕鱼、道路拥挤等等。合作者谨防出现类似"公地的悲剧"，须明确每个人的责任、权利和利益，用制度规范大家的行为。

没有人能够独自成功

15世纪中期，纽伦堡附近住着一户贫困的人家，家里的两个兄弟都学美术，但父亲付不起学费。两兄弟想学美术的愿望是如此之强烈，经过多次私下商议，他们决定用掷硬币来定输赢——输者就到附近的矿井打工，挣钱供兄弟到纽伦堡学习，结果弟弟赢了。

弟弟到纽伦堡开始了自己的学习，哥哥则下矿井为弟弟挣钱。

弟弟在学院勤奋地学习，他的艺术才能充分展现了出来，受到了人们的关注。几年后，从学院毕业的他已成了一位小有名气的画家了。

于是，弟弟高兴地回到了家中，在全家人的聚餐上，他真诚地感谢了他的哥哥，是哥哥的牺牲才使自己的愿望得到实现。"现在，"弟弟认真地宣布，"该我亲爱的哥哥到纽伦堡学习了，我则负责你的费用。"

谁知哥哥这时却显得那么悲伤，大颗的泪珠从眼眶中不停地滚下来，他低声地呜咽着："不……不……"最后，哥哥终于控制了自己的情绪，他缓缓举起了自己的双手："弟弟，我不能去学习了。看，4年的矿工生活已使我的手发生了太大变化，每根指头都遭到过骨折，关节炎已十分严重。现在，我的手连酒杯都握不好，怎么可能再握上画笔呢？"

弟弟惊呆了，他走过去紧紧抱住哥哥那双严重变形的手，失声痛哭起来。为了表达对哥哥的感谢，弟弟认真画下了那双充满了苦难的手，并给画取了个简单的名字"手"。

这幅画的作者就是丢勒，他的《手》被公认为是世界级的杰作，直到现在仍被许多人所熟知。因为它不仅体现了一个艺术家的艺术才能，更向人们展示了一个道理：没有人能够独自取得成功。

【感悟箴言】

一个人的成就并不完全是由自己一人创造出来的，即使你不正视这个问题，也无法否认一定有人曾经直接或间接帮助过你的事实。当你能公开地对自己及他人承认，你并非独立达成这些成就，所以不能独享荣耀时，一种完美和谐的感觉会在你的内心和你与人的合作关系中逐渐浮现。如果你身边都是正直又有能力的人，而这些人又和你有相同的观念及类似的价值观，你会发觉慷慨地将功劳归于他人并不是件困难的事。

合作才有力量

一家公司准备从基层员工中选拔一位主管。董事会出的题目是"寻宝"：大家要从各种各样的障碍中穿越过去，到达目的地，把事先藏在里面的宝物——一枚金戒指找出来，谁能找出来。金戒指就属于谁，而且他（她）还能得到提拔。

大家异常兴奋。他们开始行动了起来，但是事先设置的路太难走了，满地都是西瓜皮，大家每走几步都要滑倒，根本无法到达目的地。

他们艰难地行进着。在他们的寻宝队伍中，公司的一位清洁工落在了最后面。对于寻宝之事，他似乎并不在意，他只是把垃圾车拉过来，然后把西瓜皮一锹锹地装了上去，然后拉到垃圾站去。

几个小时过去了，西瓜皮也快清理完了。大家跳过西瓜皮，冲向了目的地，他们四处寻找，但是一无所获。只有那个清洁工却在清理最后一车西瓜皮的时候，发现了藏在下面的金戒指。

公司召开全体大会，正式提拔这位清洁工。

董事长问大家："你们知道公司为什么提拔他吗？"

"因为他找到了金戒指。"好几个人举手答道。

董事长摇摇头。

"因为他能做好本职工作。"又有几个人举手发言。

董事长摆了一下手，总结道："这还不是全部，他最可贵的地方在于他富有团队精神，在你们争先恐后寻宝的时候，他在默默地为你们清理障碍。团队精神，这是一个人、一个公司最珍贵的宝贝！"

【感悟箴言】

人类的合作精神是其他动物所不可比拟的，正是依靠这种团队精神，人类才走到了今天。竞争环境促使人们合作，合作才有力量，才有可分享的利益。合作者在一个群体中是一个关键因素，他们可以使那些动摇不定、首尾两端的人加入到合作的行列。可是现实中，也有"见风转舵者"以及"搭便车者"，这种人不懂合作、不会合作，在集体的事业当中只会起到消极作用。

能力的相乘效果

1951 年，松下电器公司创始人松下幸之助提议与飞利浦公司进行技术合作。飞利浦公司在全球设有 300 多家工厂，是当时世界上最大的电器制造公司。在此之前，它已和 48 个国家有过技术合作经验。

不久后，飞利浦公司提出，双方在日本合资建立一家股份公司，公司的总资本为 6.6 亿日元。飞利浦出资 30%，松下电器出资 70%。飞利浦公司应出资的 30%，由该公司的技术指导费作为资金投入。

这意味着，飞利浦公司不需投入一分钱，全部资金由松下电器一家承担。这样的条件未免太苛刻了。如果按营业额计算，飞利浦公司的技术指导费达到总营业额的 7%。而按国际惯例，技术指导费一般是 3%。经过反复交涉，技术指导费降到 5%，但松下公司仍觉得有欠公平。

在接下来的谈判中，松下方面的谈判代表高桥没有再要求降低技术转让费，转而要求飞利浦公司支付经营指导费。高桥说："双方合作建设合资公司，在技术上接受贵公司的指导，而经营却靠松下电器公司……我们公司的经营技术水平是众所周知的，得到了高度评价。而且对于销售，我们也信心百倍，所以，我们也有向贵公司索取经营指导费的权利。"

高桥此言一出，令飞利浦公司的谈判代表深感震惊。直觉上，这是一个"非分"要求，可细细品味，这种要求又颇有合理性，因为松下公司已建立了健全的营销网络，一旦合作产品上市，根本不用为销售问题担心，最终能使双方大获其利。

飞利浦公司当然明白一个庞大的营销网络的价值，同意重新考虑合作事宜。最后商定，由松下电器向飞利浦交付4.3%的技术指导费，同时飞利浦向松下电器支付3%的经营指导费。这样一来，实际上松下电器所支付的技术使用费仅为1.3%。这样，双方的合作才真正走到了公平的轨道上。

不久后，松下与飞利浦合作成立了一家公司，其产品畅销世界各地。双方都在技术与经营的完美合作中大获其利。

【感悟箴言】

合作无疑是最有效率的借力之法，它使双方的优势互补，并使各自的能力产生相乘的效果，从而能创造更大的利益。只要把蛋糕做大，双方共享一块大蛋糕，也要比一方独享一块小蛋糕获益大多了。合作双方尽可能做到公平，因为公平合作体现的是尊重和诚意，操作起来也有利，容易形成合力。但是，完全的公平是不可能的，这就需要一方或双方做出必要的让步。

合作的互惠原则

彼特是一位会计师，一个满怀雄心壮志的企业新贵，他告诉自己，凡事一定要精打细算，绝对不能浪费任何资源，绝对不放弃任何机会。要让自己随时保持在优势状态，无论大小事情，决不让别人越雷池一步！他甚至还运用了一些神不知鬼不觉的手腕，把许多同业人士压在自己底下，以确保自己的地位。

果然，彼特获得了丰富的收入，占尽了所有的好处，成了一个高高在上的商场大亨。可是他并不快乐，总觉得生活里缺少了点什么，于是他越来越忧闷，越来越没笑容，最后他得了轻微的忧郁症。

一个朋友介绍他去看了一位心理治疗师，治疗师在了解了他的情况后，只在他的医嘱上写了一句话："每天放下身段，去帮助一个身旁的人。"然后，便要他拿回去，两个礼拜后再回来会诊。彼特觉得莫名其妙，但还是把处方单拿回家了。

　　两个礼拜以后，彼特又来到治疗师面前，但这次却是堆满笑容地推开了门。"情况怎么样？"治疗师问。彼特开心地回答："真是太奇妙了！当我肯牺牲自己的时间、精力，去替旁人服务后，反而会得到一种说不出口的欣喜感呢！"

【感悟箴言】

　　人与人之间的互动，就如坐跷跷板一样，不能永远固定某一端高、另一端低，而是要高低交替。这样，整个过程才会好玩，才会快乐！一个永远不吃亏、不愿让步的人，即便真讨到了不少好处，也不会快乐。因为，自私的人如同坐在一个静止的跷跷板顶端，虽然维持了高高在上的优势位置，但整个合作互动却失去应有的乐趣，对自己或对方都是一种遗憾。